죽도기사 4-2

竹島紀事

죽도기사 4-2

권정 ┃ 오오니시 토시테루 편역주

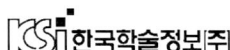한국학술정보㈜

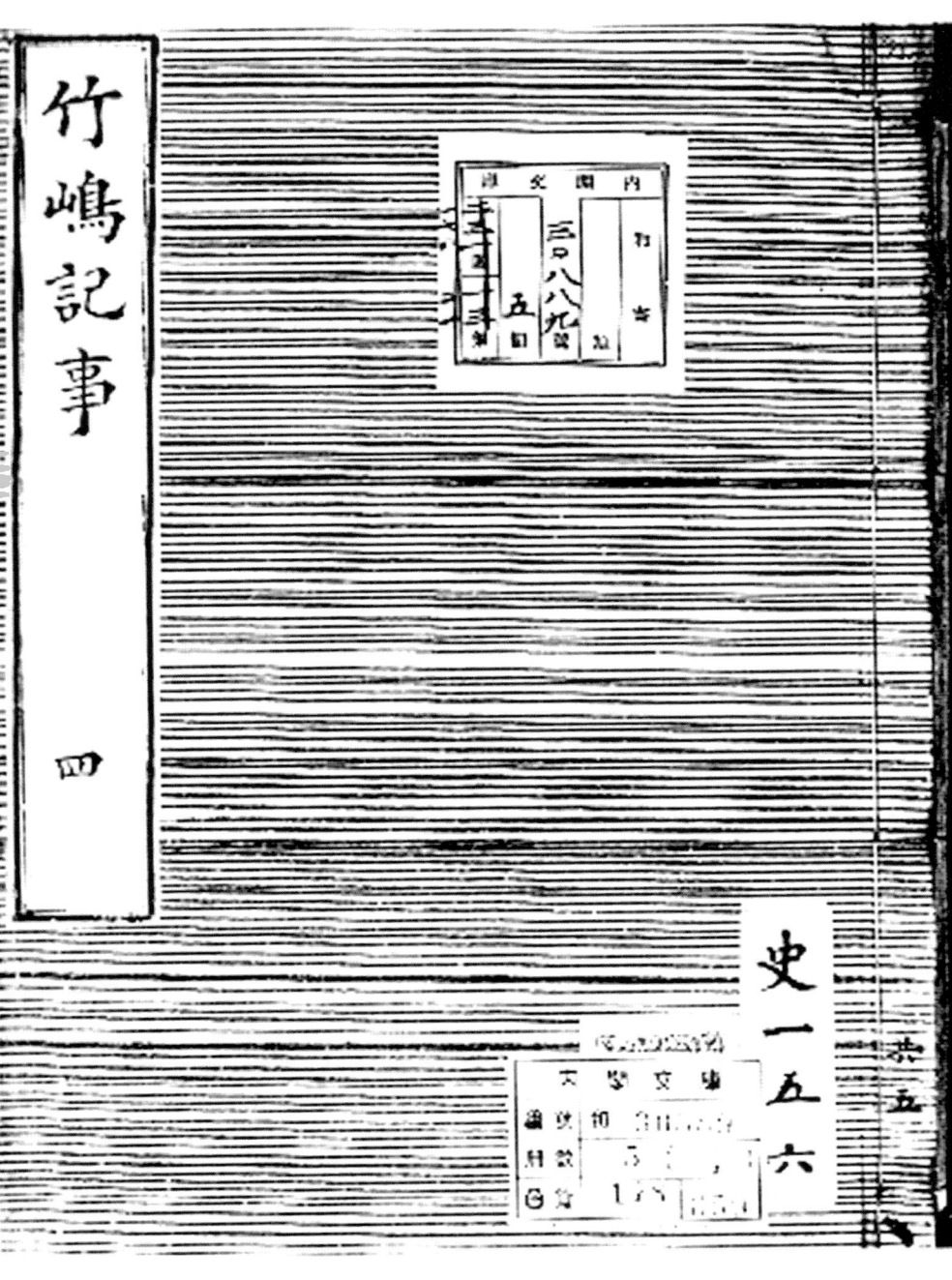

竹嶋記事

四

竹島記事

四

목차

일러두기

1. 본『죽도기사』는 국립공문서관내각문고 소장의 화서30889, 함호 178-659를 저본으로 하고, 동시에 화서 47092호, 함호178-655를 참조본으로 했다.

1. 본서의 번각문은 저본과 참조본을 오오니시 토시테루와 권정이 공동으로 문자를 확인하여 만들었다. 참고한 것은 죽도문제연구회의 『죽도문제에 관한 조사연구』 및 이케우치 사토시의 『죽도일건의 역사적 연구-죽도(울릉도)를 둘러싼 근세 일본과 조선-』이다.

1. 본서의 현대일본어역과 주는 오오니시 토시테루가 작업했다.

1. 본서의「죽도」가「울릉도」를 의미할 경우는「울릉도」를 병기하지 않는 것을 원칙으로 했다. 또 본문 중의「일한」이나「한일」,「일조」,「조일」등의 표현은 일본과 조선(한국)의 관계를 설명하기 위한 표현일 뿐, 우선권을 인정하는 것은 아니다.

1. 고문서와 번각문과 현대일본어를 병기하는 이역이나 보다 좋은 해석이 나올 수 있는 경우를 상정한 구성이다.

1. 일본어 표기는 원음에 가까운 표기를 위하여 일반적으로 생략하는 장음「이・우・오」를 살려「東京」은「토우쿄우」로,「大阪」은「오오사카」로,「京都」는「쿄우토」로 표기하기로 한다.

1.「か・き・く・け・こ」는「카・키・쿠・케・코」로,「た・ち・つ・て・と」는「타・치・쓰・테・토」로,「しゃ・しゅ・しょ」는「샤・슈・쇼」로,「ちゃ・ちゅ・ちょ」는「챠・츄・쵸」로 표기한다.

凡例

1. 本『竹嶋記事』は国立公文書館内閣文庫所蔵の和書30889、函号178-659を底本にし、同じく和書47902号、函号178-655を参照本とした。

1. 本書の飜刻文は、底本と参照本とを大西俊輝と権靜が共同し文字を確認検討して行った。参考としたのは竹島問題研究会『竹島問題に関する調査研究』及び池内敏『竹島一件の歴史学的研究-竹島(欝陵島)をめぐる近世の日本と朝鮮-』である。

1. 本書の現代日本語訳と註は大西俊輝が作業した。

1. 「竹島」が「欝陵島」をも意味する場合は「欝陵島」は併記しないことを原則とした。また本文中の「日韓」や「韓日」、「日朝」、「朝日」などの表現は両国の表記で、前後に優先権を置くことではない。

1. 古文書と飜刻文と現代日本語を併記することは異訳やより良い解釈が出てくる可能性を想定した構成である。

1. 日本語の韓国語表記は原音に近い表記を期待して一般的に省略する長音「い・う・お」を生かして「東京」は「토우쿄우」に、「大阪」は「오오사카」に、「京都」は「쿄우토」に表記することにした。

1. 「か・き・く・け・こ」は「카・키・쿠・케・코」に、「た・ち・つ・て・と」は「타・치・쓰・테・토」に、「しゃ・しゅ・しょ」は「샤・슈・쇼」に、「ちゃ・ちゅ・ちょ」は「챠・츄・쵸」に表記する。

독도방문

독도문제에 관여한 후 국민들의 열정에 비해 관계자들의 활동이 미흡하다는 생각을 했다. 일본이 상반된 주장을 하는 이상 그것까지 포함하는 논리를 개발해야 함에도 진부한 논쟁만이 반복되게 방치한 것은 관계자들의 책임이라고 생각한다. 막연히 새로운 자료의 출현을 바랄 뿐 기존자료의 가치를 찾아내는 노력에도 소극적이라는 생각도 한다.

영토문제를 책임지는 위치에 있는 자들에게도 허전한 면이 있다. 그들의 인식이나 행위가 국민들의 인식을 초월하지 못하여 의구심을 자아내기도 한다.

그런데 인류의 제전이라는 올림픽이 런던에서 열리는 8월 10일, 한일 양국의 축구와 배구의 3, 4위전이 열리는 8월 10일에 대통령이 독도를 순시한 일로 양국의 감정이 고조되었다. 대통령이 국내를 순시한다는 것은 당연한 일로 이의를 제기할 일이 아니다. 그럼에도 일본이 비이성적 반응을 보이는 것은 우리의 주권을 존중하지 않았던 습관적인 반응이다. 일본은 사실이 아니라 자신들의 관념과 어긋나는 일이 있으면, 그것으로 사실을 부정하려 하는데, 대통령의 순시가 그런 빌미를 제공한 것이다. 그러나 그것은 언제나 있었던 빌미에 불과하다. 사실에 기인하는 순시에 이런 반응을 보이는 것은, 그런 방법으로 손해를 본 일이 없었던 과거의 경험을 믿기 때문이다.

나는 자주 일본을 여행하는데, 근래는 주로 독도연구자를 방문하는 것을 중심으로 한다. 이번에도 일본을 여행을 하다 대통령의 독도 방문 뉴스를 들었다. 9일에는 염려스럽게 전하는 뉴스를 센다이에서 동북대학 교수와 함께 들었고, 10일의 방문 뉴스는 동경대학에서 연구하는 친구와 함께 들었다. "하필이면 올림픽의 시기에 방문허야 하는가"라는 뉴스해설자의 언급이 있었으나, 사실을 떠난 관념의 대응이라고 생각했다.

11일에는 이전부터 약속해 두었던 독도전문가 둘을 방문했다. 낮에는 우리 언론이 양심적인 학자라고 소개하는 나이토우 세이츄우 명예교수를 만났고, 밤에는 같이 고문서를 작업하는 오오니시 박사를 만났다.

온천지의 요양원에 계시는 나이토우 선생님은 이미 저서를 소개한 일도 있고, 초청강연회를 개최한 일도 있다. 또 도일할 때마다 가능하면 찾아뵙고 있다. 선생님은 먼저 김을 잘 받았다는 말씀부터 하셨다. 김을 좋아하신다는 것을 알고 미리 보내드렸었다. 여전히 목소리에는 기백이 담겼으나 거동은 불편하셨다. 그동안의 지도와 배려에 감사드렸더니, 나의 작업이 양국 이해에 도움이 될 것이라며 격려해 주셨다. 대통령의 독도 방문에 곁들여 영유권과 개발을 언급하기도 했으나 중요한 화제가 되지는 못했다.

선생님은 외무성의 논리를 정면으로 부정하시는 분이라, 우리 언론들은 '양심적인 노학자', '친한 학자' 등으로 소개하고 있으나 나는 그런 평가를 좋아하지 않는다. 그보다는 자료를 개관적으로 해독하시는 학자라고 생각한다. 자료에 입각하여 자국논리를 부정하는 일은 어려운 일임에도, 선생님은 논리의 오류를 지적하는 것이 애국이라며 자국논리의 허구를 지적한다. 그 용기와 양심에 크게 감동하고 있다.

선생님은 안용복이 일본을 재차 방문한 목적을 규명하는 논문을 쓰고 계셨다. 17세기 독도문제의 본질에 접근할 수 있는 연구로 우리가 해야 하는 내용인데, 원고지 1장을 쓰고 1시간을 쉬신다는 선생님이 집필하신다는 것이다. 나도 『숙종실록』이나 일본 기록에 근거하여 안용복의 실체에 접근하는 논문을 발표했으나 아직 공감을 얻지 못하고 있다.

체중이 10키로나 줄어 식욕이 없고 기운이 고갈되어 간다는 선생님과 더 많은 시간을 보내고 싶었으나, 40여 분의 대담에 만족해야 했다. 현관까지 배웅하시는 선생님께 내년 봄에 다시 뵙겠다는 말씀을 드렸더니, "기다리겠습니다"라며 웃으셨다.

밤에는 오오사카의 오오니시 박사를 만났다. 우리는 그동안에 수행한 공동 작업을 상기하며 고문서의 본질을 논하며 즐겼다. 대통령의 독도 방문도 언급되었으나 지나가는 이야기로 끝났다. 그것보다 재미있는 화제가 많은 우리였다.

우리 둘은 『은주시청합기』를 비롯하여 여러 고문서를 소개하고, 현재는 『죽도기사』 5권을 열세 권으로 소개하는 작업을 하고 있어 동지의식이 강하다. 그래서 이야기의 끝이 없다. 박사는 "권 선생의 유혹에 넘어가 같이 일을 하고 있어 바쁘기는 하지만 재미는 있다. 오늘은 어떤 말을 해도 현혹되지 않을 것이다. 독도에 관한 일에서 손을 떼겠다"라는 말을 반복했다. 독도문제에서 손을 떼겠다는 이야기는 그만의 일이 아니다. 나 역시 그런 말을 하기 시작한지 오래되었다. 고문서를 소개하는 일이 양국의 화합과 발전을 초래하는 일이라는 것은 알지만 너무 첨예하게 대립되어 있는 문제다 보니, 작업을 하다 보면 성정이 흉폭해지는 것 같아 싫다. 그래서 그만두겠다는 말을 입에 달고 산다.

박사는 새로 작업한 『장생죽도기』 원고를 건네주었다. 이것이 세

간에 유포되면 새로운 인식이 퍼져, 양국이 공유할 수 있는 인식이 불어난다. 특히 독도문제와 밀접한 안용복의 실체를 파악하는 데 도움이 될 것이다. 원문의 해독이 어려워 오래 전에 부탁했었는데, 그것 전부를 해독하여 건네주신 것이다.

독도문제의 본질을 전하는 기록으로, 6세기의 이사부의 우산국 정벌과 일본에 표류한 우루마 사람들의 이야기를 전하는 고려 시대의 기록과 조선(에도) 시대의 기록 등이 있다. 그 기록들을 분석 종합하면 독도에 대한 역사적 정통성은 저절로 해결될 것이다. 그런데도 그런 작업도 없이 기록을 떠난 주장만이 횡행하는 현실이다. 그런 상황의 전환을 목적으로 우리 둘은 고문서의 편역주를 하고 있는 것이다.

지금까지 우리들이 해낸 작업에 『장생죽도기』를 합하면 『천보죽도 일건(天保竹島一件)』 정도가 남게 된다. 그 이후의 자료란 명치 대정을 합한 근대의 자료, 그리고 소화기의 자료가 남게 된다. 물론 제2차 대전 후의 현대 자료도 있기는 하다. 그러나 그것들은 근세 이전의 자료를 어떻게 해석하는가를 근거로 하는 것으로 나에게는 관심이 많지 않은 부분이다.

따라서 『천보죽도일건』에 관한 최대 자료는 동경대학도서관에 소장된 『죽도도해일건기』라 할 수 있다. 이것을 해독하여 소개하면, 역사적 정통성에 관한 기본자료의 소개는 거의 마치게 된다. 『세키슈우하마다우라무슈쿠하치에몬일건(石州松原浦無宿八右衛門一件)』이나 『조선죽도도항시말기(朝鮮竹嶋渡航始末記)』의 소개도 필요하지단 남겨두어도 무방할 것 같다. 『천보잡기(天保雜記)』나 『갑자야화(甲子夜話)』의 경우도 마찬가지다.

이런 이야기를 나누는 사이에 헤어질 시간이 되었다. 나와 박사는 국적을 달리하면서도 어색하거나 험악한 분위기에서 독도문제를 논한 일이 없다. 기록의 본질에 접근하는 일에 집중한 결과일 것이다. 기록이 전하는 의미를 파악하고 그것에 근거하여 논쟁하게 되면 공감대가 확장되어, 공감이 가는 이야기로 충분하다. 좀 더 지나면 서로 납득할 수 있는 논리의 개발도 가능할 것이라고 생각하고 있다.

그런 과정이나 공감대 없이 감정에 근거하는 주장을 고집하게 되면, 논리를 구축하기보다는 편리한 사실만을 인용하는 논쟁이 될 뿐이다. 대통령의 독도방문으로 그것에 대한 정통성이 자국에 있다는 양국의 주장이 격해지고 있다. 그러면서도 상대를 납득시킬 수 있는 논리는 제시하지 못한다. 이런 논쟁에는 국제법적인 논리가 부각되어 역사적 사실은 매몰되고 만다. 이렇게 되면 본질을 떠난 분쟁만이 격화되어 불행한 결과를 초래할 수도 있다. 그럼에도 사실을 떠난 주장만이 횡행하여 당황스럽다.

2012년 8월 15일 우산봉 자락에서
권오엽

第四部(竹嶋記事四)

同九年十月　天龍院□□□□□□□□□

靈光院□□□□相□□返□□使□□□□□□

潘海□□十月十六日□□□□□　天龍院□

□□□□□□竹□□□□□伯者□□□

□□□□□□□□伯者□□□□□誠

【大綱四四段(元祿九年十月①)】

(44-00)

○ 同九年十月 天竜院公御再任之御賀儀并 霊光院公弔慰相兼訳官両
使卜同知采宋判事渡海ニ付十月十六日於御屋鋪 天竜院公両使ヘ御
対面竹嶋之儀因幡伯耆ヘ附属与申事ニ而茂無之空嶋ニ而伯耆之者
罷越

【大綱四四段(元祿九年十月①)】

(44-00)

○ 同九年十月、天竜院公(宗義真)の[朝鮮役]御再任の御賀儀、なら
びに霊光院公(宗義倫)の弔慰を兼ね、訳官の両使すなわち卜同
知と宋判事が渡海し[対馬に渡っ]て来た。十月十六日[対馬府中
の]御屋敷において、天竜院公は両使へ御対面になった。竹嶋に
ついては、因幡伯耆へ附属する島と言うわけのものでは無い[只
の]空島である。ここに伯耆の者が罷り越し、

【대강 44단(겐로쿠 9년 10월 ①)】

(44-00)

○ 동 9년 10월에 텐류우인 공(소우 요시자네)의 [조선역] 재임 축

하 및 레이코우인(소우 요시쓰구)의 조위를 겸하여, 두 역관 즉 변 동지와 송 판사가 도해하여 [쓰시마로 건너] 왔다. 10월 16일에 [쓰시마 후츄우의] 저택에서 텐류우인 공은 두 사신과 대면하셨다. 죽도에 대해서는 이나바에 부속한 섬이라고 할 수 있는 것은 아닌 [그저] 공도이다. 이곳에 호우키 사람이 건너가

渡仕候之ニ付前年 朝鮮人彼嶋江入交り
無之候所重而此方之漁民渡海不仕
候様ニ可被仰付之旨候段於江戸表ニ被仰
渡候旨書状　　天龍院公御代ニ被仰
渡之

漁仕候迄ニ候所近年朝鮮人罷渡り入交り如何ニ候故重而此方之漁民渡
海不仕候様ニ可被仰付与之儀於江戸表ニ被仰渡候旨両使江　天竜院公御
直ニ被仰渡也

漁を仕っていた迄のものである。そのような所に近年、朝鮮人が罷
り渡って来た。[両国の漁民が]入り交っては[そこで密貿易のおそれ
も生じ]どうかと思われるので、もう再び、此方の漁民に渡海をしな
いよう命じるのが宜しいと、江戸表に於いて[そのような御判断があ
り、その旨の]仰せ渡しがあった。それを[訳官の]両使へ天竜院公が
直々にお伝え下さった。

어렵을 하고 있었을 뿐이다. 그러한 곳에 근년에 조선인이 건너왔다.
[양국의 어민이] 뒤섞이면 [그곳에서 밀무역이 이루어질 우려가 있어]
좋지 않다고 생각되기 때문에, 앞으로 두 번 다시 이쪽 어민에게 도
해하지 않도록 명령하는 것이 좋겠다고, 에도에서 [그런 판단을 하고
그 취지를] 전달한 일이 있었다. 그것을 [역관인] 양사신에게 텐류우
인 공이 직접 전해주셨다.

(44-01)

〃両使ᴺ被仰渡候御書付二通左ニ記之

(44-01)

〃両使へお話し下さった[内容を]書き付けた二通があり、これを左
に記す。

(44-01)

〃양사신에게 말씀하신 [내용을] 기록한 것 2통이 있어, 이것을 아
래에 기록한다.

口上之覚

先年同氏対馬守方より竹嶋之儀ニ付以使者申達候処其節取次之人使者江被申聞候趣帰国之刻拙者江申聞候故其趣於江戸御老中迄御物語申上候得者彼嶋之儀因幡伯耆江附属与申ニ而も無之日本江取候与申事ニ而茂無之空嶋ニ候故伯耆之

口上之覚、その一(竹嶋の事)

先年、同氏(宗)対馬守方から竹嶋の事に付いて、使者を以て申し伝えた処、其の節[貴国の]取次ぎの人が[こちらの]使者に申し伝えた趣旨があった。それを帰国の頃に、拙者へ申し伝えたので、其の趣旨を[さらに]江戸に於いて御老中まで御物語をして[詳しく]申し上げた。すると彼の島については[元来]因幡伯耆に附属する島であると言うわけのものでは無かった。つまり、日本が取ったと言うような島では無く[只の]空島であった。それゆえ伯耆の

구상지각, 그 1(죽도의 일)

작년에 동씨(소우) 쓰시마노카미 측에서 죽도 건에 대해, 사자를 보내 말을 전했는데 [귀국의] 주선자가 [이쪽] 사자에게 말한 취지가 있었다. 그것을 귀국 시, 졸자에게 전하였기에 그 취지를 [다시] 에도에서 노중에게 설명하여 [자세히] 보고했다. 그러자 그 섬에 대해서는 [원래] 이나바 호우키에 부속하는 섬은 아니었다. 즉 일본이 취했다고 할 수 있는 섬은 아니었고 [그저] 공도였다. 때문에 호우키의

者罷渡致漁候迄ニ候然処近年朝鮮人罷渡入交如何ニ付最前之通対馬守方
より申遣候得共朝鮮ハ道程も近く伯耆より者程遠き由ニ候間重而此方之
漁民渡海不仕候様ニ可被仰付与之御事ニ候間御誠信之段忝可被存候

者が罷り渡り[この島で]漁を致していたと、それ迄の事であった。そ
のような処に、近年、朝鮮人が罷り渡り、[この島に、両国の漁民が]
入り交じるようになった。[そのようでは]如何と思い、最前の通り、
対馬守方から[朝鮮人漁民の島への渡海を禁ずるよう、貴国へ]申し遣
わすことがあった。だが島は、朝鮮への道のりも近く、伯耆からは
程遠いと言う島である。それゆえ此方の漁民に対し、再び渡海を仕
らぬ様に、仰せ付けを行うのが宜しいと、そのような御判断があっ
た。その事については[公儀の]御誠信の顕れであり[貴国は]忝くお思
いになるべきである。

사람이 건너가 [이 섬에서] 어렵을 하고 있었다는, 단지 그러한 일일
뿐이었다. 그러한 곳에 근년에 조선인이 건너가, [이 섬에 양국의 어
민이] 뒤섞이게 되었다. [그렇게 되면] 안 된다고 생각하고 최근 쓰시
마노카미가 [조선인 어민이 섬에 도해하는 것을 금지시키도록, 귀국
에] 전언한 일이 있었다. 그러나 섬은 조선과 거리도 가깝고, 호우키
에서는 매우 먼 섬이다. 그래서 이쪽 어민에게 다시는 도해하지 않도
록 하라고 명령을 하는 것이 좋다는, 그러한 판단이 있었다. 그 일에
대해서는 [장군의] 성신이 발현된 일이므로 [귀국은] 감사하게 생각
해야 한다.

右之趣ニ付 使者を以申候 此為
御礼飛脚書状ニ而一書翰可差越候
東武江委細可申上候 此旨具相達
方ニ可申達候 以上

右之通存之外結構ニ被仰付候間此為御礼従礼曹此方迄書翰可被差渡候
東武ェ委細可申上候間此旨具朝廷方ェ可被申達候以上

この右の通りに、思いの外、結構な御裁定が[公儀から]あった。この
為、この御礼を礼曹から、こちら[対州]まで書翰にして差し渡すべきで
ある。そうすれば[対州から]東武へ、この委細を申し上げるつもりであ
る。この旨を具に朝廷方へ申し伝えていただきたい。以上である。

위와 같이 의외로 좋은 결정을 [장군이] 내렸다. 그러므로 이에 대한
감사를 예조에서 이쪽 [쓰시마]에 서한으로 보내주어야 한다. 그렇게
하면 [쓰시마에서] 동무(에도)에게 상세한 내용을 보고할 생각이다.
그 취지를 자세히 조정 측에 전해주었으면 한다. 이상이다.

口上之覚

当夏朝鮮人十一人船一艘ニ乗組訴詔之儀有之由ニ而因幡江罷渡候処
朝鮮筋之御用之儀者此方一手ニ被仰付他国ニ而曾而御取次無之国法ニ而
候故訴詔之分ヶ不被聞召被追還候由御老中より此方江被仰聞令承知驚
入候占来より之申合も有之事ニ候処此方を差置他国ニ罷越訴詔有之由

口上之覚、その二(因幡の事)

　当年の夏、朝鮮人十一人が船一艘に乗り組み、訴訟の儀が有る
と、因幡へ渡って来た事があった。朝鮮筋の御用については、此方
(対州)の一手に任されていて、他国では決して御取次ぎは無いと言う
国法である。それゆえ訴訟の理由を聞く事もなく[この朝鮮人どもを]
追い返してしまった。そのような事があったと、御老中から此方へ
連絡があり、それを聞いて驚いてしまった。[朝鮮と対馬とは]占くか
ら[互いに]申し合わせも有る事であり、此方を差し置いて他国へ罷り
越し訴訟を行うなど、そのような事を

구상지각, 그 2(이나바의 일)

　당년 여름에 조선인 11인이 배 1척을 타고, 소송할 것이 있다며 이
나바로 건너온 일이 있었다. 조선에 관계된 일은 이쪽(타이슈우)에서
일임하고 있어, 타국에서는 결코 주선할 수 없다는 것이 국법이다. 그
래서 소송의 이유를 물어보지도 않고 [이 조선인들을] 돌려보내고 말
았다. 그와 같은 일이 있었다고 노중이 이쪽에 연락하여, 이를 듣고
놀라고 말았다. [조선과 쓰시마는] 예부터 [서로] 약속한 일도 있어
이쪽을 제쳐놓고 타국에 건너가 소송을 행하는 등, 그 같은 일을

申入候段 上之思召之程如何可有之哉与無心元存候此段朝廷方御心入を
以為被差渡儀ニ候得者不届千万之御仕形与存候故急度以使者可申断儀ニ
候得共若下々之仕態ニ而も可有之哉与存候故差扣候向後ケ様之儀有之
而者朝鮮国之為ニ茂決而宜ヶ間敷候間此旨朝廷方ニ急度可被申達候以上

申し入れる[筈は無い。だが、そのような事があったのは事実であ
る。この事について朝鮮の]上の方のお考えの程は[果たして]如何なも
ので有ろうか[このような事が成されれば、こちらは]心元なく思うば
かりである。この事は朝廷方の御思案によって[そのような]差し渡し
が成されたのであろうか。[もしそうであれば]不届き千万の御仕形で
ある。ここは何としても、厳しく使者を以て抗議をしなければならな
い。しかし、これがもし下々の[勝手にしでかした]しわざで有るなら
ば[そのような厳しい抗議は]差し控えなければならない。向後このよ
うな事が有っては、朝鮮国の為には、決して宜しくない。それゆえ、
そのような事を朝廷方に必ず申し伝えて貰いたい。以上である。

요구할 [리는 없다. 그러나 그러한 일이 있었다는 것은 사실이다. 이
일에 대해 조선의] 윗분의 생각은 [과연] 어떠한가. [이러한 일이 이
루어지면 이쪽은] 그저 불안할 뿐이다. 이 일은 조정 측 판단으로 [그
러한] 일이 행해진 것인가. [만일 그렇다면] 간과할 수 없는 일이다.
이것은 어떻게든 엄중히 사신을 보내 항의하지 않으면 안 된다. 그러
나 이것이 만일 아랫사람들이 [멋대로 저지른] 일이라면 [그렇게 엄
중한 항의는] 삼가지 않으면 안 된다. 향후 이러한 일이 있어서는 조
선국을 위해서 결코 좋지 않을 것이다. 그러므로 그 같은 일을 조정
측에 반드시 전해주었으면 한다. 이상이다.

右之趣申上書付之を御察し難

候共以此書付此段申上候様御意候に付

差出申候右之書付相済裁判を以済し

(44-02)

〃 右之趣御口上書斗ニ而者訳官得与難落着候故真文ニ御認被下候様ニ
与両使願出候付左之真文相認裁判を以渡之

(44-02)

〃 右の[二通の口上之覚を確かにお聞かせ頂き、その]御趣旨につい
て御口上書として[受け取った。]だが[その和文の書付ばかりで
は]訳官は充分に理解が行かない。そこで[是非]真文にしたため直
して下さる様[この訳官]両使が願い出て来た。そこで左の真文を
[新たに]したためて[こちらの]裁判から[両使へ]これを渡した。

(44-02)

〃 위 [2통의 구상지각을 분명히 전하고, 그] 취지에 대해서는 구상
서로 해서 [수취했다.] 그러나 [그 화문의 서부만으로는] 역관이
충분히 이해할 수 없다. 그래서 [필히] 한문으로 다시 기록해주
실 것을 [이 역관] 양사가 요구해와서, 아래의 한문을 [새로] 기
록하여 [이쪽] 재판이 [양사에게] 이것을 전했다.

高文二庫旭二港

(44-03)

真文二通左ニ記之

(44-03)

真文[にしたため直した]二通を左に記す。

(44-03)

한문[으로 다시 기록한] 2통을 아래에 기록한다.

先太守問ニ竹島ノ事ニ遣使ヲ於

貴國者両度使節未ニ至不幸早世由是各遣使人不日ニ

上船入ニ

観ニ之時

問及ニ竹島地状方向様實具對問ニ以其志

本作太遠而去

貴國却近恐両地人報雑必有潜通私市等縦随卽

下ニ

先太守因テ竹島ノ事ニ遣ス使ヲ於貴国ニ者ノ両度使事未タレ了ラ不幸
ニシテ早世由レ是ニ召シ還ス使人ヲ不シテ日アラ上ル船ニ入テ観スルノ之時間テ
及フ竹島ノ地状方向ニ拠テレ実ニ具ニ対フ因テ以テ其ノ去ルコト本邦ヲ太タ
遠クシテ而去ルコトニ貴国ヲ却テ近キヲ上恐クハ両地ノ人殽雑シテ必ス有ンコトヲ潜カ
ニ通スル私市ヲ等ノ弊ヘ上随テ即チ下シ

[真文]

先太守因竹島事遣使於貴国者両度使事未了不幸早世由是召還使人
不日上船入　観之時間及竹島地状方向拠実具対因以其去本邦太遠而去
貴国却近恐両地人殽雑必有潜通私市等弊随即下

[読み下し文]

　先の太守、竹島の事に因りて、使を貴国に遣すは、両度の使事た
り。未だ了らざるに、不幸にして早世。是に由り、使人を召し還
す。日あらずして船に上る。入りて観ずるの時、問いて竹島の地、
状、方向に及ぶ。実に拠りて具に対う。因りて、其の本邦を去るこ
と太だ遠くして、貴国を去ること却て近きを以てすと。恐くは、両
地の人、殽雑(交雑)し、必ずや潜かに私市を通ずる等の弊え有ら
ん。随いて即ち令を下し、

[現代語訳]

　先代の[対州の]太守は、竹島の事について使者を貴国に遣わした。
両度に亘り使者を遣わす事があったが、未だ[懸案は]終っていない。
[その間に]不幸にして[先代の太守は]早世してしまった。この事で[貴

国に派遣していた]使者を召し還した。日を措かずして[刑部大輔は]
船にて上京した。[江戸城へ]入り、その朝観の時、竹島の事について
御下問があった。その土地の状態、その[場所および]方向に[話が]及
んだ。島の実情をもとに、具に答えた所、島は本邦を去ること甚だ
遠く、貴国からはむしろ近い。恐らく[この島で]両国の民が雑然と交
流すれば、必ずや、潜かに密貿易などを企む輩が出る事であろう。
随って即座に[我が国は]法令を下し、

　선대의 [타이슈우] 태수는 죽도의 건에 대해 사자를 귀국에 파견했
다. 두 번에 걸쳐 사자를 보낸 일이 있었으나 아직 [현안은] 끝나지
않았다. [그 사이] 불행히도 [선대의 태수는] 별세하시고 말았다. 이
일로 [귀국에 파견했던] 사자를 소환했다. 서둘러 [교우부 타이후는]
배로 상경했다. [에도 성에] 들어가 조관할 때 죽도의 일에 대한 하문
이 있었다. 그 토지의 상태, 그 [장소 및] 방향에 [이야기가] 달했다.
섬의 실정에 대해 자세히 답하자, 섬은 본방에서 아주 멀고 귀국에서
오히려 가깝다. 아마도 [이 섬에서] 양국의 백성이 뒤섞여 교류하게
되면, 반드시 몰래 밀무역 등을 꾀하는 무리가 나오게 될 것이다. 따
라서 즉시 [우리나라는] 법령을 내려

今永不許人復漁採夫釁隙生於細微禍患興於下瞽

古今通病慮寧勿預是以百年之好偏欲強為而

一島之微遂俾不軟豈非

兩邦之義事乎謹念

南宮應懲憲忌修書使本州代傳

寧謝兼譯使侯回棹之日口伸所遺

老使茍親囑恐其聽之不詳故書開如右

貴國人十二口以今夏地籍於因幡以

47

レ令ヲ永ク不レ許サド人ノ徃テ漁採スルコトヲ上夫レ釁隙ハ生シ於細微ヨリ二禍患ハ
興ルコト二於下賤ヨリ一古今ノ通病慮ルニ寧ロ勿シヤレ預メスルコト是以テ百年之好偏
ヘ二欲シテ弥々篤シコトヲ而一島ノ之微遽二付レ不ルニ較ハ豈二非ヤ二両邦ノ
之義事一乎茲二念フ南宮応キ四懇懃二修シレ書ヲ使シテレ本州ヲ代テ伝ヘ二盛
謝ヲ一爾ハ訳使俟テ二回棹ノ之日ヲ一口伸ノ毋レ遺スコト老使君ノ親嘱恐ラクハ
其聴クコト之不レ妥セ故二書開スルコト如シレ右ノ貴国ノ人十一口以二今夏ヲ一抛シ
二錨ヲ於因幡ニ二以

令永不許人徃漁採夫釁隙生於細微禍患興於下賤古今通病慮寧勿預是
以百年之好偏欲弥々篤而一島之微遽付不較豈非両邦之義事乎茲念　南
宮応懇懃修書使本州代伝盛謝爾訳使俟回棹之日口伸毋遺老使君親嘱
恐其聴之不妥故書開如右

永く人の徃て漁採することを許さず。夫れ釁隙(隙間)は細微より生
じ、禍患は下賤より興ること、古今の通病慮るに、寧ろ預めすること
勿らんや。足を以て百年の好、偏えに弥々篤らんことを欲し、一
島の微、遽に較べざるに付す。豈に両邦の義事に非ずや。茲に念
う、南宮、まさに懇懃に書を修し、代りて盛謝を伝へ、本州を使し
て応ずべきのみなり。訳使、回棹の日を俟て、口伸の遺すこと毋
れ。老使君の親嘱、恐らくは其の聴くことの妥ぜざる故に、書開す
ること右の如し。

今後永く[この島に]人が往来し、漁採することを許さない[と御決断
があった。]そもそも隙間というのは細微から生じるもので、禍患と
いうのは下賤から興るものと、古今の通交における病弊が慮られる。
ここは寧ろ[そのような病弊が]預め生じ無いよう[対策しておくべき
であろう。]足を以て[両国]百年の好誼が、いよいよ篤くあって欲し
いと[そのように願い、公儀は御決断をなさった。]微少な一島の事な
ど[この両国百年の好誼と対比すれば]とても較べものにならない。この
ような御決断は、まさに両国にとって義(道理、筋道)に適った事と言
うべきではなかろうか。ここに[貴国に対し]希望する事がある。南宮
(礼曹の役所)が丁重に書を修し[国王に]代って[この事への]盛謝を[我
が国に]伝えて欲しい。我が対州は、その使者となって、これに応ず
るつもりである。訳使が船を返し、帰国の後、この事の報告を忘れ
る事の無いようにしていただきたい。老いた仲介者[たる刑部大輔]の
親密な頼みは[老いたゆえの不明瞭により]恐らく聴き辛い事であろう。
それゆえ、こうして書を開き呈示することにした。右のような次第
である。

금후 영원히 [이 섬에] 사람이 왕래하며 어채하는 것을 허가하지 않
는다 [라는 결단이 있었다.] 원래 틈이라는 것은 미세한 것에서 생기
는 것으로 화근이란 천민에서 생기는 것으로, 고금의 통교에 있을 병
폐가 우려된다. 우리는 오히려 [그러한 병폐가] 생기지 않도록 미리
[대책을 세워 두어야 할 것이다.] 이것으로 [양국] 백년의 우호가 점
점 두터워질 것을 바라고 [그렇게 원하며 장군은 결단하셨다.] 작은
한 섬에 관한 일 등은 [양국의 백년 우호에 비하면] 도저히 비할 것이

못 된다. 이 같은 결단은 그야말로 양국에 있어 의(도리, 이치)에 맞는 일이라고 해야 하지 않겠는가. 여기서 [귀국에게] 희망하는 일이 있다. 남궁(예조)이 정중한 글을 써서 [국왕을] 대신해 [이 일에 대한] 감사를 [우리나라(쓰시마)에] 전해주었으면 한다. 우리 타이슈우는 그 사자가 되어 이에 응할 생각이다. 역사(역관)가 배를 돌려 귀국한 후, 이 일을 보고하는 일을 잊지 않았으면 한다. 늙은 중개자[인 교우부 타이후]의 친밀한 부탁은 [노령 탓으로 불명료하여] 아마 듣기 힘들었을 것이다. 그런 까닭에 이렇게 기록하여 정시하기로 했다. 위와 같은 일이다.

貴國人十六日以今夏地震於因幡以

啓事為辭

兩邦交通只由對馬一路盟約在前關係非小國可下

今於因幡即時起兵不容辭

啓本州處了

兩邦之間專掌通好其養久矣余乃不旦捨本州

而由他路背定約而行私計倘使其事出於議府

則當奉

命遣使問其所以然

貴国ノ人十一口以二今夏ヲ一抛シ二錨ヲ於因幡ニ一以レ啓スルヲレ事ヲ為レ辞ト両邦ノ交通只由ル二対馬ノ一路ニ一盟約在リレ前ニ関係非レ小ナルニ因テ下シテ二令ヲ於因幡ニ一即時ニ趨回シテ不レ容サ二転啓ヲ一本州処シテ二于両邦ノ之間ニ一専ラ掌ル二通好ニ一其ノ来ルコト久シ矣今乃チ一旦捨テ二本州ヲ一而由リ二他路ニ一背テ二定約ヲ一而行フ二私計ヲ一倘シ使シテハシテレ其ノ事ヲ出テ中於議府ニ上則当ニシド奉シテレ命ヲ遣テレ使ヲ問フ中其ノ所以ヲ上然トモ

[読み下し文]

貴国の人十一口、今夏を以て錨を因幡に抛れ、事を啓するを以て辞と為す。両邦の交通、只対馬の一路に由る。盟約、前に在り、関係小なるに非ず。因て令を因幡に下して、即時に趨回して転啓を容さず。本州、両邦の間に処して専ら通好を掌る。其の来ること久し。今、乃ち一旦本州を捨て他路に由り、定約に背きて私計を行う。倘し其の事を使して議府に出でては、則、当に命を奉じて使を遣わし、其の所以を問うべし。然れども

[現代語訳]

貴国の十一人が、この夏[船一艘で]因幡に投錨した。[公儀に]上啓する事があると、そのような言辞を述べた。両国の通交は、只、対馬の一路に限定されていて、この盟約は以前からのもので[これによって結ぶ両国]互いの関係は決して小さいものでは無い。それゆえ[公儀は]命令を因幡に下し、即時に対応して転啓を許可しなかった。我が対州は、両国の間で対処し、専ら通好を掌っている。其の[役目の]継続は幾久しい。今、一旦、我が対州を捨て、他路に[通交の伝手

を]求めた。それは[両国の]定約に背き、私計を行った事である。も
し其の事が[誤って]使いによって議府(公儀)に提出されたならば、即
座に[対州は]まさに[公儀の]命令を受けて[貴国に]使者を遣わし、其
の原凶を問い質す所であった。然しながら

귀국의 11인이 이번 여름에 [배 1척으로] 이나바에 닻을 내렸다. [장
군에게] 상신할 일이 있다고, 그러한 언사를 행했다. 양국의 통교는 단
지 쓰시마 일로로 한정되어 있고, 이 맹약은 이전부터의 일로 [이로써
맺어진 양국] 상호 관계는 결코 작은 것이 아니다. 때문에 [장군은] 명
령을 이나바에 내리고, 즉시 대응하여 전계(조선인의 의사를 전달하는
일)를 허가하지 않았다. 우리 타이슈우는 양국 간에서 대처하며 오로
지 통호를 담당하고 있다. 그 [역할의] 지속은 오래되었다. 지금 일단
우리 타이슈우를 버리고 다른 길로 [통교의 전달자를] 구했다. 그것은
[양국의] 정약에서 벗어난 것으로, 사계(이방의 이익만을 생각하는 계
획)를 행한 일이다. 만일 그 일이 [잘못되어] 사자를 통해 의부(장군)에
제출되었다면, 즉시 [타이슈는] 그야말로 [장군의] 명령을 받아 [귀국
에] 사자를 파견하여 그 원인을 추궁할 생각이었다. 그러나

議府審事理明國覬覦信為念昭於平普壹肯

為此輕易瞀濁舉誠故置而不問

貴國宜嚴申舊

令杜防私弊務使

兩國之好不至於十妄生事端以取紛擾益囑譯使

體貼歸

稟

老使君面告之言如怒恐其方語不通或者誤聽因此錄付

譯使

議府審ニシ┐事理ヲ明ニシ┐国体ヲ誠信ヲ為スルコトレ念ト昭カニシテ┐於乎昔┐
豈ニ肯テ為サンヤ┐此ノ軽易(殷・酉)濁ノ挙ヲ┐哉故ニ置テ而不問ハ貴国宜シク厳ニ
申ヘ┐旧令ヲ杜┐防シ私弊ヲ務メテ使ムレ両国ノ之好ヲ不レ至ラ┐于妄リ
ニ生シテ┐事端ヲ以テ取ルニ┐中紛擾┐茲ニ嘱ス┐訳使ニ┐体貼シテ帰リ稟セヨ老使
君面告ノ之言如シレ右恐ラクハ其ノ方語不レ通セ或ハ有ンコトヲ┐誤聴ニ因テ此ニ録シ
テ付ス┐訳使ニ┐

[真文]

議府審事理明国体誠信為念昭於乎昔豈肯為此軽易(殷・酉)濁挙哉故置
而不問貴国宜厳申旧令杜防私弊務使両国之好不至于妄生事端以取紛
擾茲嘱訳使体貼帰稟老使君面告之言如右恐其方語不通或有誤聴因此
録付訳使

[読み下し文]

議府、事理を審にし、国体を明らかにし、誠信を念と為すこと乎昔
に昭らかにして、豈に肯て、此の軽易(殷・酉)濁の挙を為さんや。故
に置きて問わず、貴国宜しく厳に旧令を申しのべ、私弊を杜防し、
務めて両国の好をして、至らずせしめなば、妄りに事端を生じ
て、以て紛擾を取るに至らず。茲に訳使に嘱す、体貼して帰り稟ぜ
よ。老使君、面告の言、右の如し。恐らくは其の方語通ぜず、或は
誤聴の事有らん。此に因りて、録して訳使に付す。

議府(公儀)は事理を明瞭にし、国体を明徴とし、しかも誠信を信念としておられる。それゆえ確かな昔に照らし合わせ[御判断なされば]どうして此のような事、すなわち安易にして軽挙かつ汚濁の行動を、肯定なさるであろうか。[隣国との友誼を重んずる]ゆえ、この事はそのままにして置き[渡り来た朝鮮人に罪を]問い[咎を科す]ような事はなさらなかった。だが貴国は、まさに厳しく旧令を[民に]布達し[このような]私的な弊害を閉ざし[再発を]防がなくてはならない。そのように務めなければ、両国の好ましい関係を途絶えさせ[下々の]軽挙妄動を生じさせてしまう。それによって[両国の間に]紛擾が起こって来ないとは言えない。ここに訳官使に、お願いする事がある。この[伝達事項]をしっかりと身に着け、帰国し[朝廷で、そのような]稟議をしていただきたい。老いた仲介者(隠居の宗義真)が面談の上で告げ知らせた事は、右のような事である。だが恐らくは、其の並べた言葉は[老いたゆえの不明瞭により]通じないものと思われる。或いは誤って聴くような事が有るかもしれない。それゆえ、ここに記録したものを、訳官使に付託して置くことにする。

의부(장군)는 사리를 명료히 하고 국체를 분명히 하여, 더욱이 성신을 신명으로 하고 계시다. 때문에 분명한 옛일과 비교하여 [판단하시면] 어째서 이러한 일, 즉 안이하게 경거하고 오탁한 행동을 긍정하시겠는가. [인국과의 우의를 중히 여기기] 때문에 이 일은 그대로 두고 [건너온 조선인에게 죄를] 물어 [벌주는] 일은 하지 않았다. 그러나 귀국은 그야말로 엄하게 구령을 [백성에게] 널리 알려 [그 같은] 사적

인 폐해를 막아 [재발을] 방지하지 않으면 안 된다. 그렇게 하지 않으면 양국의 바람직한 관계가 단절되고 [아랫사람들의] 경거망동한 행동이 발생되고 만다. 그것으로 [양국 간에] 분규가 발생하지 않는다고는 할 수 없다. 여기서 역관 사자에게 부탁할 일이 있다. 이 [전달사항]을 분명히 이해하고 귀국하여 [조정에서 그렇게] 품의해주었으면 한다. 늙은 중개자(은거한 소우 요시자네)가 면담하여 전한 것은 위와 같다. 그러나 아마도 그렇게 늘어놓은 말은 [노령으로 인해 불명료하여] 통하지 않았을 것으로 생각된다. 혹은 잘못 들었을지도 모른다. 때문에 여기에 기록한 것을 역관사에게 부탁해두기로 한다.

但
左
青
年
申
朱印押

但右書付年寄中連名朱印押之

但し、右の書付には、年寄連中が署名し、朱印を押した。

단, 위의 서부에는 가로들이 서명하고 주인을 찍었다.

(44-04)

〃訳官方より右御書付受取申候帰国之節具ニ可申達与之趣相認差出
　候真文二通左ニ記之

(44-04)

〃訳官方から、右の御書付を受け取ったと申してきた。帰国の節に
　は[あちらの朝廷に]具に申し伝えると、そのような趣旨を相した
　ため、差し出して来た。そのような真文二通を左に記しておく。

(44-04)

〃역관이 위의 서부를 수취했다고 전해왔다. 귀국하면 [저쪽 조정
　에] 자세히 전하겠다는 그런 취지를 기록해 보내왔다. 그 한문 2
　통을 아래에 기록해둔다.

頃者寛字之日

貴大人勤示中有曰前謂竹島在於海中而既無

居民故因幡伯耆等州漁民意以為空地有付

往来蕪廠島相距在

日本頗遠在

朝鮮稍近自今以後

日本之人切勿往来事自

江戸分付以来而實是両國誠信之念為不侫等

歸

本邦以此意細細陳逹於

頃者宴享ノ之日貴大人勤示ノ中有リレ曰ク所レ謂竹島ハ在リ_於海中二_而既二無シレ居民故二因幡伯耆等ノ州ノ漁民意ヲ以テ為シ_空地ナリト_有テレ時徃来ス矣厥ノ島相距ルコト在テ_日本二_頗ル遠ク在テ_朝鮮二_稍々近シ自リ_今以後日本ノ之人切二勿レレ徃来スルコト事自リ_江戸二_分付シテ以テ来ルト云フ実二是レ両国誠信ノ之愈々篤キ不佞等帰テ_本邦二_以テ_此意ヲ_細細陳_達スルコト於

訳官が差し出した真文二通のうち、その一(竹嶋の事)

[真文]

頃者宴享之日貴大人勤示中有曰所謂竹島在於海中而既無居民故因幡伯耆等州漁民意以為空地有時徃来矣厥島相距在日本頗遠在朝鮮稍近自今以後日本之人切勿徃来事自江戸分付以来云実是両国誠信之愈篤不佞等帰本邦以此意細細陳達於

[読み下し文]

頃は宴享の日、貴大人は勤示の中に有り、曰く、謂う所の竹島は海中に在りと。而して既に居民無し。故に因幡伯耆等の州の漁民の意に、以て空地なりと為し、時に有りて徃来す。厥の島、相距ること日本に在りて頗る遠く、朝鮮に在りて稍々近し。今自り以後、日本の人、切に徃来すること勿れ。事は江戸自り分付して、以て来たると云う。実に足れ、両国誠信の愈々篤き。不佞等、本邦に帰りて、此の意を以て細細、

63

近頃、宴享の日に、貴州の大人(宗義真)が、その勤示の中で、お話し下さった事が有る。すなわち、謂う所の竹島は[遠い]海の中に在り、そこに島民は居ない。それゆえ因幡伯耆等の州の漁民が考えた事は、そこが[無主の]空地であるとして、時期によって徃来した。その島は距ること日本からは頗る遠く、朝鮮からは稍々近い。今より以後、日本の人が[この島に]徃来する事は、一切、無いようにしていただきたい。この[渡海禁止の]事は、江戸から取り分け[文書を]付して、伝えて来た事だと云う。まことに足れは、両国誠信の愈々篤い[証しとなる]事である。不佞等(我々)は、本国に帰り、此の誠意を、細かく詳しく

요즘 연향(국빈을 접대하는 잔치)의 날에 귀주의 대인(소우 요시자네)이 근시 중에 말씀해주신 것이 있다. 즉 소위 죽도는 [먼]바다 안에 있고 그곳에 도민은 없다. 그렇기 때문에 이나바 호우키 등의 주에 사는 어민이 생각하기에 그곳이 [무주의] 공지이므로 시기에 따라 왕래했다. 그 섬은 거리상 일본에서는 아주 멀고 조선에서는 약간 가깝다. 금후로 일본인이 [이 섬에] 왕래하는 일은 일절 없도록 해주었으면 한다. 이 [도해금지의] 일은 에도에서 특별히 [문서를] 첨부해 전해왔다고 한다. 참으로 이것은 양국 성신이 매우 두텁다는 [증거가 되는] 일이다. 우리들은 본국으로 돌아가 이 성의를 상세하게

朝廷寔計不宣

丙子十二月　日

杉村采女公

樋口孫左衛門公

多田與左衛門公

平田直右衛門公

田島十郎兵衛公

杉村三郎左衛門公

下同如

宗判事

朝廷ニ一宸ニ計ル不宣

丙子十二月　日　　　卞同知

　　　　　　　　　　宋判事

　　杉村采女公

　　樋口孫左衛門公

　　多田与左衛門公

　　平田直右衛門公

　　田島十郎兵衛公

　　杉村三郎左衛門公

[真文]

朝　廷宸計不宣

丙子十二月　日　　　卞同知

　　　　　　　　　　宋判事

　　杉村采女公

　　樋口孫左衛門公

　　多田与左衛門公

　　平田直右衛門公

　　田島十郎兵衛公

　　杉村三郎左衛門公

[読み下し文]

朝廷に陳達すること、寔に計る。不宣。

内子十二月 日　　　　卜同知
　　　　　　　　　　　　宋判事

　　杉村采女公

　　樋口孫左衛門公

　　多田与左衛門公

　　平田直右衛門公

　　田島十郎兵衛公

　　杉村三郎左衛門公

[現代語訳]

　朝廷に陳べ伝えることにする。まことにそのように取り計るつも

りである。不宣(以下略)。

　　内子十二月 日　　　　卜同知
　　　　　　　　　　　　　宋判事

　　杉村采女公

　　樋口孫左衛門公

　　多田与左衛門公

　　平田直右衛門公

　　田島十郎兵衛公

　　杉村三郎左衛門公

조정에 전하도록 하겠다. 반드시 그렇게 처리할 생각이다. 충분히 말하지 못했다. (이하 생략)

　　병자년 12월 일　　　　변 동지
　　　　　　　　　　　　　송 판사
　　스기무라 우네메 공
　　히구치 마고자에몬 공
　　타다 요자에몬 공
　　히라타 나오에몬 공
　　타지마 쥬우로우베에 공
　　스기무라 사부로우자에몬 공

項於宴享之日

貴大人以

朝鮮人十一日到着於因幡州事因

東武中令晚有面囑而久聽

僉公之言此乃不佞等嘗所欲聞者也到此始聞

不覺駭然以此辭意還歸之日當下々陳達于

朝廷定計不宣

頃ニ於二宴享ノ之日一ニ貴大人以ト朝鮮人十一口到二着スル於因幡州一ニ事ヲ上因テ東武ノ申令ニ既ニ有テ二面嘱一而又聴ク二僉公ノ之言ヲ一此ヒ乃チ不侫等曾テ所ノレ未タルレ聞カ者ノナリ也到テレ此ニ始メテ聞キ不レ覚駭然タリ以テ二此ノ辞意ヲ一還リ帰ルレ之日当ヘキコトニ一々ニ陳二達ス于朝廷ニ一寔ニ計ル不宣

[読み下し文]

頃は宴享の日に於いて、貴大人、朝鮮人十一口が因幡州に到着する事を以てす。東武の申令(しんれい)に因りて、既に面嘱(めんしょく)の有りて、又僉公(せんこう)の言を聴く。此れ乃ち(すなわち)不侫(ふねい)等、曾て(かつ)未だ聞かざる所の者なり。此に到りて始めて聞く。覚えず駭然(がいぜん)たり。此の辞意を以て、還り帰るの日、当に(まさ)一々に朝廷に陳達すべきこと、寔に(まこと)計る。不宣。(以下略)

[現代語訳]

近頃、その宴享の日に於いて、貴州の大人(宗義真)が[お話し下さった事がある。すなわち]朝鮮人十一名が[渡り来て]因幡州に到着した。その出来事を以て、東武の申し渡す御命令の[検討があった。]既に[朝鮮人とは]面談し[彼らから訴願の]依頼が有り、また[その事について]諸公(老中方)から意見を聴く事があったという。このような出来事を不侫等(我々)は、この今まで聞いた事は無かった。此の段階に到り、始めて知った。それゆえ大いに驚いた次第である。此の[お知らせ下さった通りの]言辞を以て、帰還した日に、当にその一つ一つを、朝廷に陳べ伝える事にする。まことにそのように取り計るつもりである。不宣。(以下略)

요즘 그 연향의 날에 귀주의 대인(소우 요시자네)이 [말씀해주신 일이 있다. 즉] 조선인 11명이 [건너 와서] 이나바에 도착했다. 그 사건으로 동무가 보낸 명령의 [검토가 있었다.] 이미 [조선인과는] 면담하고 [그들이 말하는 소원의] 의뢰가 있었고, 또 [그 일에 대해] 제공(노중)에게 의견을 물은 일이 있었다고 한다. 이 같은 사건을 불영들(우리들)은 지금까지 들은 일이 없었다. 이 단계에 이르러 처음으로 알았다. 그래서 매우 놀라고 있다. 이렇게 [알려주신 그대로의] 언사를 귀환한 날에 그 하나하나를 조정에 전달하겠다. 분명히 그렇게 처리할 생각이다. 부선. (이하 생략)

丙子 十二月 日

卞同知
宋判事

杉村采女公
樋口孫左衛門公
多田興左衛門公
平田直右衛門公
田島十郎兵衛公
杉村三郎左衛門公

丙子十二月　日　　　　　卜同知
　　　　　　　　　　　　宋判事
　　杉村采女公
　　樋口孫左衛門公
　　多田与左衛門公
　　平田直右衛門公
　　田島十郎兵衛公
　　杉村三郎左衛門公

丙子(ひのえね)十二月(しわす)　日　　　　　卜同知
　　　　　　　　　　　　宋判事
　　杉村采女公(すぎむらうねめこう)
　　樋口孫左衛門公(ひぐちまござえもんこう)
　　多田与左衛門公(ただよざえもんこう)
　　平田直右衛門公(ひらたなおえもんこう)
　　田島十郎兵衛公(たじまじゅうろうべえこう)
　　杉村三郎左衛門公(すぎむらさぶろうざえもんこう)

병자년 12월 일　　　　변 동지
　　　　　　　　　　송 판사
스기무라 우네메 공
히구치 마고자에몬 공
타다 요자에몬 공
히라타 나오에몬 공

타지마 쥬우로우베에 공

스기무라 사부로우자에몬 공

○日九年十月　天龍院ゟ竹渓へ被仰渡候供も

係溜ゟ川江戸表ゟ申参内々御上候供も

近本橋平　其後御揚平候十二月九日江戸

表ニ年夏日十三日御老中　阿部ゟ御後頼

菌番立屋掛候模ニ竹渓へ被申内へ

遠候其気菌菫玉ニ也

75

【大綱四五段(元祿九年十月②)】

(45-00)

○ 同九年十月 天竜院公竹嶋之儀訳使ニ被仰渡候段江戸表ニ御案内被
仰上候御使者鈴木権平被差登権平儀十二月九日江戸表ニ参着同
十三日御老中阿部豊後守様御用番土屋相模守様ニ竹嶋之儀御案
内之御連状等持参差出之也

【大綱四五段(元祿九年十月②)】

(45-00)

○ 同九年十月、天竜院公は竹嶋の事について、訳官使へ伝達したと、
江戸表へ御報告なさった。御使者として鈴木権平を差し登ら
せ、権平は十二月九日に江戸表へ到着した^(註1)。同十三日、御
老中の阿部豊後守様や御用番の土屋相模守様へ、竹嶋の事につ
いて、御報告の御連状等を持参し、これを差し出した。

【대강 45단(겐로쿠 9년 10월 ②)】

(45-00)

○ 동 9년 10월에 텐류우인 공은 죽도의 일에 대해 역관사에 전달
했다고 에도에 보고하셨다. 사자로 스즈키 곤페이를 올려보내,

곤페이는 12월 9일에 에도에 도착했다. 동 13일에 노중 아베 분고노카미 님과 당번 쓰치야 사가미노카미 님에게 죽도에 대한 보고의 연장 등을 지참하여 이것을 제출했다.

槍年

(45-01)

〃権平持登り候御老中ニ之御状三通左ニ記之

(45-01)

〃権平が持ち登った御老中への御状[および阿部豊後守様への御
状、計]三通、左に記しておく。

(45-01)

〃곤페이가 지참하여 노중에게 바친 서장 [및 아베 분고노카미 님
에게 보낸 서장, 합계] 3통을 아래에 기록해 둔다.

一筆致啓上候竹嶋之儀当春於其御地被仰付候趣今度罷渡候訳官両使江今十六日致対面申渡候猶又当夏因州江朝鮮人渡海仕候付豊後守殿より被仰聞候趣是又申渡候処委細承知仕候帰国之刻朝廷方江具可申達候由申候此段為可申上如此御座候恐惶謹言

御状(その一)

一筆啓上致します。竹嶋の事、当春、其の御地[江戸]に於いて、御指示をいただき、その趣旨を今度[朝鮮から]渡り来た訳官の両使へ、この十六日に対面し、申し渡しを行いました。猶又、当夏に因州へ朝鮮人が渡海いたしましたが、その事に付き、豊後守殿から御指示のあった趣旨を、足れ又[両使へ]申し渡しました。すると[あちらは]委細を承知いたしました。帰国となれば、朝廷方へ具に[この事を]申し伝えますと、そのように返答を致しました。この事を申し上げようと、此の如く[御報告]致します。恐惶謹言

서장(그 1)

일필 올립니다. 죽도의 일, 올봄에 그곳(에도)에서 지시를 받고 그 취지를 이번에 [조선에서] 건너온 역관 양사신에게, 이번 16일에 대면하고 전하였습니다. 또 올여름에 인슈우에 조선인이 도해하였습니다만, 그 일에 대해 분고노카미 님이 지시하신 취지 역시 [양사에게] 전하였습니다. 그러자 [저쪽은] 자세한 것을 이해하였습니다. 귀국하면 조정 쪽에 자세히 [이 일을] 전하겠다고, 그렇게 답변하였습니다. 이 일을 말씀드리려고 이처럼 [보고]합니다. 삼가 아룁니다.

十月十六日

大久保加賀守

阿部豊後守

戸田山城守

土屋相模守

十月十六日

　　大久保加賀守様

　　阿部豊後守様

　　戸田山城守様

　　土屋相模守様

<ruby>十月<rt>かんなつき</rt></ruby><ruby>十六日<rt>いざよい</rt></ruby>
　<ruby>大久保<rt>おおくぼ</rt></ruby><ruby>加賀守様<rt>かがのかみさま</rt></ruby>
　<ruby>阿部<rt>あべ</rt></ruby><ruby>豊後守様<rt>ぶんごのかみさま</rt></ruby>
　<ruby>戸田<rt>とだ</rt></ruby><ruby>山城守様<rt>やなしろのかみさま</rt></ruby>
　<ruby>土屋<rt>つちや</rt></ruby><ruby>相模守様<rt>さがみのかみさま</rt></ruby>

10월 16일

　　오오쿠보 카가노카미 님

　　아베 분고노카미 님

　　토다 야마시로노카미 님

　　쓰치야 사가미노카미 님

一筆啓上仕候　然者竹嶋之儀は

以此方渡海被成間鋪旨去ル十三年被

仰出候由致承知候處今十七日致登城兩人江御渡

被成御細書致拝見候儀御使者御渡海被成利根廷方迄

恐惶謹言

十月十三日

阿部豊後守

一筆致啓上候竹嶋之儀ニ付当春於其御地御渡被成候口上書之趣今度
罷渡候訳官両使江今十六日致対面申渡候処ニ委細承知仕候付帰国之刻
朝廷方江具ニ可申届之由申候此段為可申上如此御座候恐惶謹言

十月十六日

阿部豊後守様

御状(その二)

一筆啓上致します。竹嶋の事に付いて、当春、其の御地[江戸]に於
いて、御渡しいただいた口上書の趣旨を、今度[朝鮮から]罷り渡って
来た訳官の両使へ、この十六日に対面し、申し渡しました。すると
[あちらは]委細を承知いたしました。帰国となれば、朝廷方へ具に
[この事を]申し届けますと、そのように返答致しました。この事を申
し上げようと、此の如く[御報告]致します。恐惶謹言。

十月十六日

阿部豊後守様

서장(그 2)

일필 올립니다. 죽도의 일에 대해, 올봄에 그곳(에도)에서 건네주신
구상서의 취지를 이번에 [조선에서] 건너온 역관 양사에게 16일에 대
면하고 전하였습니다. 그러자 [저쪽은] 상세한 것을 이해했습니다. 귀
국하면 조정 측에 자세히 [이 일을] 보고하겠다고, 그렇게 답변하였습
니다. 이 일을 말씀드리려고 이처럼 [보고]합니다. 삼가 아룁니다.

10월 16일

아베 분고노카미 님

追而致啓上候当夏因州江朝鮮人渡海仕候儀二付先頃奉得御差図候通
則訳官江口上二而申渡候処帰国之刻朝廷方江具二可申届之旨申候此段為
可申上如此御座候恐惶謹言

十月十六日
阿部豊後守様

御状(その三)

　追って啓上致します。当夏、因州へ朝鮮人が渡海して来ました。
その事に付き、先頃、御差図をいただいた通り、そのままを訳官へ
口上にて申し渡しを行いました。すると[あちらは]帰国となれば、朝
廷方へ具に[この事を]申し届けますと、その旨を返答致しました。こ
の事を申し上げようと、此の如く[御報告]致します。恐惶謹言

十月十六日
阿部豊後守様

서장(그 3)

　이어서 올립니다. 올여름 인슈우에 조선인이 도해해 왔습니다. 그
일에 대해 지난번에 지시받은 대로, 역관에게 구상으로 전하였습니
다. 그러자 [저쪽은] 귀국하면 조정 측에 자세히 [이 일을] 보고하겠
다고, 그런 취지를 답변하였습니다. 이 일을 말씀드리려고 이처럼 [보
고]합니다. 삼가 아룁니다.

10월 16일
아베 분고노카미 님

例年便々ニ宝永先中ゟ江戸表平四

隼人大浦恵左ゟ者九十月廿六ゟ差付亰

差ゟ其樹々罷左往々

(45-02)

〃 権平便ニ御国家老中より江戸表平田隼人大浦忠左衛門方ﾆ江十月十六日之日付を以遣候書状之略左記之

(45-02)

〃 権平の[江戸への]便に付け、御国の家老中から江戸表の平田隼人、大浦忠左衛門方へ、十月十六日の日付を以て遣わした書状がある。その略を左に記す。

(45-02)

〃 곤페이가 [에도에 가는] 편에 함께 보내, 나라의 가로들 중 에도의 히라타 하야토, 오오우라 타다자에몬에게 10월 16일부로 보낸 서장이 있다. 그 개략을 아래에 기록한다.

〃 今度訳官渡海ニ付竹嶋之儀当春於其御地豊後守様ニ被得御差図被
置候御口上書之通今十六日茶礼之節於御広間以酊庵御列座ニ而両
使ニ御口上書之趣御直ニ御口上ニ而被仰渡候処両使御返答ニ申上候
者御意之趣具ニ承知仕候帰国之刻朝廷方ニ委細ニ可申達候誠以結
構ニ被

〃 今度、訳官が[朝鮮から対馬へ]渡海して来たので、竹嶋の事につ
いて、当春、其の御地[江戸]に於いて豊後守様から御差図のあっ
た御口上書の通り、この十六日の茶礼の節に、御広間に於いて
以酊庵御列座の中、両使へ[御隠居様から]申し渡しがあった。御
口上書の御趣旨を、直々に御口上によってお話し下さった処、
両使が御返答を申し上げた事は、御意の趣旨については、具に
承知いたしました。帰国となれば、朝廷方へ委細に申し伝えま
す。誠に以て結構な事を

〃 이번에 역관이 [조선에서 쓰시마에] 도해해 왔기 때문에, 죽도의
일에 대해 올봄 그곳[에도]에서 분고노카미 님이 지시하셨던 구
상서대로, 이번 16일의 차례 때 대청에서 이테이안이 열좌한 가
운데 양사에게 [은거하신 분이] 전달했다. 구상서의 취지를 직접
구상으로 말씀하셨는데, 양사가 답변드린 것은 생각하시는 취지
에 대해서는 자세히 이해했습니다. 귀국하면 조정 측에 자세히
전하겠습니다. 성의를 가지고 좋은 결과를

仰出御誠信之段朝廷方被承候者別而忝可被存候私共ニ到而も大慶奉存
候旨御請申上候右相済而今度朝鮮人訴詔之儀有之由ニ而因幡ヘ罷越候
此儀朝廷方之御心入を以為被差渡事ニ候得者不届ヶ千万之御仕形ニ候
故急度以使者可被

お話し下さり、その御誠信の事を、朝廷方が承ったならば、格別に
忝く思うところでございましょう。私共にとっても大慶に存じます
と、このような趣旨を[この折に]御請けとして[返答を]申して来た。
右の事が相済み、今度は朝鮮人の訴訟の事について、このような事
が有ると言う事で[御隠居様からお話しがあった。彼ら十一人の朝鮮
人が]因幡へ罷り越した事は、朝廷方の御考えによって差し渡された
事なのか。[もしそうであれば]不届き千万の御仕形である。ならば厳
重に、使者を以て[朝廷に]

말씀해주셔서, 그 성신을 조정 측이 알게 되면 각별히 감사하게 생각
할 것입니다. 저희들도 아주 기쁘게 생각합니다 라고, 이 같은 취지를
[이때] 수취 확인으로 [답변]해왔다. 위의 일이 끝나고 이번에는 조선
인의 소송 건에 대해, 이 같은 일이 있었다는 것을 [은거하신 분이 말
씀하셨다. 그들 11인의 조선인이] 이나바에 건너온 일은 조정 측의
생각에 의해 파견된 것인가. [만약 그렇다면] 무례하기 그지없는 일이
다. 그렇다면 엄중하게 사자를 파견하여 [조정에]

仰越候得共若下々之仕態ニ而も可有之哉与思召候故御扣被成候重而ヶ
様之儀有之而者決而朝鮮国之為ニ冝ヶ間敷由朝廷方ニ急度可申達之旨別
紙之趣御直ニ被仰渡候処是又奉得其意候朝廷方ニ具ニ可申達候　御意之
通此儀者朝廷方為被存儀ニ而も有之間敷由我々ニ挨拶申候右両条之趣
有増落着候様ニ者相見へ申候得共為念ニ候故重而

申し入れをしなければならない。然しながら、もし下々だけの仕業
で有るとしたならと、そのように考えたので[朝廷への申し入れは]控
えたのである。再び、このような事が有っては、決して朝鮮国の御
為にはならない。宜しく無い事であると[そのように]朝廷方に厳しく
申し伝えるべきで、その旨を別紙の如き趣旨で、御直に[両訳官へ]お
話し下さった。すると[あちらは]これまた、お考えは承りました。朝
廷方へ具に申し伝えます。御考えの通り、此の事に付いては、朝廷
方は知る筈もありませんと、我々に挨拶(返答)を申した。右の[竹嶋
の事、因幡の事]両条の趣旨については、あらまし落着する様に思え
るけれど、念のため再び

문제 제기를 하지 않으면 안 된다. 그러나 아랫사람들의 짓일 수도
있다고 생각하여 [조정에 말하는 것은] 삼갔다. 다시 이런 일이 있으
면 결코 조선국을 위해 좋지 않을 것이다. 좋지 않은 일이라고 [그렇
게] 조정 측에 엄중히 전해야 하며, 그러한 내용을 별지와 같은 취지
로 직접 [양 역관에게] 전하였다. 그러자 [저쪽은] 이 역시 그 뜻을 알
겠습니다. 조정에 자세히 전하겠습니다. 생각하신 대로 이 일에 대해
서는 조정은 알 리 없습니다 라고 우리들에게 인사(답변)했다. 위의

[죽도의 일, 이나바의 일] 두 건의 취지에 대해서는 대략 해결될 것이라고 생각되지만, 만약에 대비해

中宴席之節も又々我々口上ニ而も委く落着候様ニ申達筈ニ御座候兎角口
上書ニ被成被下候様ニ与訳官方より願申候得共従公儀者御口上ニ而与被
仰渡候間成たけハ口上斗ニ而相済候様ニ可仕候若達而願候者我々中よ
り之覚書相渡可申候弥御礼之書簡差越候様ニ可申達候右被仰渡候御口
上書両通今度差越候竹嶋之儀者豊州様より御案書之通ニ奥書相加江

中宴席の折、又々我々が口上によって委く[両訳官に説明をしておい
た。これで、もうこの件は]落着する様にも申し伝えた筈である。[だ
が、それに対し]兎も角も[真文の]口上書にして[お渡し]下さる様に
と、訳官方から願いが出された。公儀からは御口上でとの御指図が
あったので、できるだけ口上ばかりで相済む様に配慮したが[あちら
が]達っての願いと[言って来たので、やむなく]我々の中で[真文で]覚
書をしたため、それを[あちらに]渡す事になった。[渡すに際し]いよ
いよ御礼の書簡を[こちらに]差し遣わす様[念を入れて両訳官]に申し
伝える事になった。[こうして]右の御指図の通りの口上書二通を、今
度[あちらに真文にして]お渡しする事になった。だが[その内容はと
言えば]竹嶋の事は、豊州様からの御案内の書状通りにして[こちら
で]奥書を相加えた

중연석이 열렸을 때, 다시 우리들이 구상으로 자세히 [양 역관에게]
설명했다. 이것으로 이 건은 이미] 해결되도록 전달했을 것이다. [그
러나 그것에 대해] 어쨌든 [한문]의 구상서로 [전해주시길, 양 역관이]
부탁해왔다. 장군은 구상으로 하라고 지시하셨기 때문에 가능한 한
구상만으로 마치려고 배려하였으나] 저쪽이 강하게 요구해[왔기 때

문에 어쩔 수 없이] 우리들 중에서 [한문으로 기록하여 그것을 [저쪽에] 건네주게 되었다. [그때] 감사의 서간을 [우리에게] 보내도록 [분명히 양 역관]에게 전하였다. [이리하여] 위의 지시대로 구상서 2통을 이번에 [저쪽에 한문으로] 건네주게 되었다. 그러나 [그 내용에 관해 말하자면] 죽도의 일은 호우슈우 님이 지시하신 서장대로 [이쪽에서] 확인서까지 첨부(했다.)

候迄ニ候因州ニ罷渡候儀者吉左殿より之口上書之分斗ニ而者余軽過候而
以来之為如何ニ候ヶ様無之儀ニ而も事ニより急度以御使者被仰達事ニ候
処此節之儀御口上斗ニ而軽被仰断候段彼方ニ徹し申間敷与存候依之急
度不被仰遣候御了簡之趣少書加ニ申候彼方ニ茂何とそ恥入候様ニ被成様
も可有之事ニ候へ共此儀者御老中様より　御隠居様ニ被仰

迄である。[また]因州へ渡り来た[朝鮮人の]事は、吉左殿(三沢吉左衛
門)からの口上書の分ばかりでは余りに軽過ぎ、これでは将来の為に
は如何であろうか[ということになった。つまり、また再び問題が起
こってくるのではないかと危惧された。これまで公儀は]さしたる事
で無い事までも、事によっては厳しく御使者を以て[細かく]御指示を
下されたが、此の度の事では[御指示は]御口上ばかりで軽く申し入れ
るようにとの事である。[そのような生ぬるい事では]あちらに[こち
らの意志を]徹底させる事などできない。[そのようにこちらは思っ
た。]このような事情から、厳しい申し入れをしないとする御思案の
趣旨を、少しばかり[修正し、その事を少しばかり]書き加えて置い
た。あちらにも[この件に関し]何かと恥じ入る様に成る事でも有れば
と、そのようにも思ったからである。だが、この事は、御老中様か
ら御隠居様へ

했다. [또] 인슈우에 건너온 [조선인의] 일은 요시자 님(미사와 요시자
에몬)이 구상서만으로는 너무 가벼워, 이로는 장래를 위해서는 어떠
한가 [라고 생각하게 되었다. 즉 재차 문제가 생기는 것은 아닌가 걱
정하셨다. 지금까지 장군은] 중대한 일이 아닌 것도 사건에 따라서는

엄중히 사자를 보내 [자세히] 지시를 내리셨는데, 이번 일에 관해서는 [지시는] 구상으로만 가볍게 전하라는 것이다. [그 같은 미온적인 자세로는] 저쪽에 [이쪽 의사를] 철저히 이해시킬 수는 없다. [그렇게 이쪽은 생각했다.] 이 같은 사정으로 엄중히 요구하지 않는다는 취지를 조금 [수정하여 그 일을 약간] 가필해두었다. 저쪽에서도 [이 건에 관해] 어떻게든 수치스럽게 생각하게 되었으면, 그렇게 생각했기 때문이다. 그러나 이 일은 노중이 은거하신 분에게

進候而御聞被成　御隠居様御口上ニ而被仰渡候様ニ与軽く御差図御座候
故無其儀候右竹嶋并因州之儀訳官江被仰渡候段今度豊後守様江御状両通
ニ御認被仰遣候尤竹嶋之儀者御老中様方御列座ニ而　御隠居様江被仰渡
候得共御口上書之儀者豊後守様より御渡被成候故豊後守様御一人江御
宛御案内被仰上候乍然右之通御老中様方御列座ニ而被仰渡たる御事ニ
候故若御

連絡があり、その御聞きに成られた通りを、御隠居様が御自分の口
からお話しなさる様にと、そのような軽い御差図であった。それゆ
え、その[余りに辛辣な]事については[やはり口上書には書き載せ]無
いように致した。右の竹嶋ならびに因州の事を訳官へ[御隠居様は、
この度]仰せ渡されたが、その[お伝え下さった]事を、今度、豊後守
様へ御書状を両通りにしたためて御報告なさった。尤も竹嶋の事に
ついては[今年一月、江戸城において]御老中様方が御列座の中で、御
隠居様へ御指示があった事である。だが御口上書の事は、豊後守様
から御連絡をいただいた事である。それゆえ[御口上書については]豊
後守様御一人に宛てて[その旨の]御報告をなさればよい。然し乍ら
[竹嶋については]右の通り、御老中様方が御列座の中で御指示があっ
た事なので、もし御

연락이 있어, 그 들으신 대로를 은거하신 분이 직접 말씀하시도록 하
라는 그러한 가벼운 지시가 있었다. 그래서 그 [너무나도 신랄한] 일
에 대해서는 [역시 구상서에는 기재]하지 않도록 했다. 위의 죽도 및
이나바의 일을 역관에게 [은거하신 분은 이번에] 전하셨는데, 그 [전

해주신] 일을 이번에 분고노카미 님에게 두 가지 서장으로 기록해 보고하셨다. 원래 죽도의 일에 관해서는 [금년 1월에 에도 성에서] 노중 분이 열좌하신 가운데 은거하신 분에게 지시했던 일이다. 그러나 구상서의 일은 분고노카미 님이 연락하신 일이다. 그래서 [구상서에 대해서는] 분고노카미 님 한 분 앞으로 [그 내용] 보고를 하시면 된다. 그러나 [죽도에 대해서는] 위와 같이 노중 님이 열좌한 가운데 지시가 있었으므로 만일

連状を以被仰上可然与之御事ニ候ハ、御連状可被差上候御連状之御案
文者豊後守様ニ之御文言とハ違可申候間於其元被致了簡可被認候兎角
於其元御差図次第ニ可被差出候因州之儀者吉左殿より被渡候口上書ニ
御老中様より　御隠居様ニ被仰進候而御聞被成候由　御隠居様御口上ニ
而被仰渡候様ニ与之紙面ニ御座候得共此儀者御仲間ニ被仰談候而御差図
被成たる儀

連状を以て御報告なさるのがよいとの判断であれば、御連状を差し
上げるようにして貰いたい。御連状の御案文は、豊後守様[御一人]へ
の御文言と違っていなくてはならない。其元(江戸表の平田隼人なら
びに大浦忠左衛門)に於いて[この事の]御思案をなさり[宜しいように]
したため置いて貰いたい。兎も角も、其元に於いて御差図をして、
相応しいものを差し出して貰いたい。因州の事は、吉左殿から差し
渡された口上書には、御老中様から御隠居様への御連絡があり、そ
の御聞きに成られた通りを、御隠居様が御自分の口からお話しなさ
る様にと、そのような事が記されていた。そのような御紙面ではあ
るが、この事は[実際は豊後守様が閣老の]御仲間衆と御相談の上で御
差図に成られた事

연장으로 보고하는 것이 좋다는 판단이라면, 연장을 올려 보내주었으
면 한다. 연장의 초안문은 분고노카미 님 [한 분]에게 보내는 문언과는
달라야 한다. 그쪽(에도의 히라타 하야토 및 오오우라 타다자에몬)에
서 [이 일을] 판단하시어 [좋은 쪽으로] 기록해주었으면 한다. 어쨌든
그쪽에서 지시하여 적당한 것을 제출하고 싶다. 인슈우의 일은 요시자

님이 보내주신 구상서에는 노중 님이 은거하신 분에게 연락하여 말씀하신 내용 그대로를, 은거하신 분이 직접 말씀하시도록 하라는 그와 같은 일이 기록되어 있다. 그러한 내용이지만, 이 일은 [실제로는 분고 노카미 님이 각 노중의] 동료들과 상담한 후에 지시하신 일이

にてハ無之候由豊後様御意之趣賀嶋権八被差下候節之書状ニ被申越候
依之竹嶋之儀者一紙ニハ如何ニ思召候故追而之御状ニ被成被仰遣候御状
之案相添差越候間能可被致吟味候訳官渡海之御案内者先例以御飛札
被仰上候得共此度者右之

では無いという。豊後守様の御考えの趣旨は、賀嶋権八を[国元へ]差し
下された折、その[持参致した]書状に述べられている。これに依れば、
竹嶋の事[と因幡の事と]は一紙に[まとめ、あちらへ報告してしまって]
は[果たして]如何なものかとの御思案があり、追っての御状が成され、
その案をお遣わし下さった。その御状の案[の通りに、別々に御隠居様
はあちらの訳官へ仰せ渡しをなさった。その御報告をここに]相添えて
お渡ししておく。[江戸表で]能く検討していただき[豊後守様に御報告を
お願いしたい。]訳官が渡海した事の御報告は、先例[に則り]御飛札を以
て[すでに]お伝えしたが、此の度[の訳官への伝達について]は、右の

아니라고 한다. 분고노카미 님이 생각하시는 취지는 카지마 곤하치를
[국원에] 보내셨을 때, 그 [지참한] 서장에 기술되어 있다. 이에 의하면
죽도의 일[과 이나바의 일]은 한 장에 [정리하여 저쪽에 보고해버려]
도 [과연] 괜찮을까 라는 생각이 있어, 서둘러 서장을 만들어 그 생각
을 보내주셨다. 그 서장의 판단[대로 은거하신 분은 저쪽 역관에게 각
각 말씀을 전하셨다. 그 보고를 여기에] 첨부해 전해둔다. [에도에서
는] 잘 검토하셔서 [분고노카미 님에게 보고할 것을 부탁드리고 싶다.]
역관이 도해한 일에 대한 보고는 선례[에 따라] 비찰을 보내 [이미] 전
하였으나, 이번에 [역관에게 전달한 것에 대해서]는 위의

御用被仰渡候故以御使者御案内被仰上候間可被得其意候常＝御用向之儀者中宴席之節被仰渡事＝候得共此度者公用之儀＝候故早速被仰渡御案内有之可然被思召上候付而茶礼＝被仰渡候間可被得其意候委曲権平口上＝可申述候

御用を仰せつかっているゆえ[あらためて]御使者を以て報告する。それゆえ御承知置きいただきたい。常々、御用向きの事は中宴席の折に[あちらの訳官に]仰せ渡される事になっているが、此の度は公用の事であるので、早速[茶礼の席で、その旨を]仰せ渡され[その内容についてを]御通知なさった。[御隠居様には]然るべきお考えがあり、それに基づき[この度]茶礼にて仰せ渡されたのであり、御承知置きいただきたい。委曲は、権平の口上によって申し述べる。

용건을 명령했기 때문에 [다시] 사자를 보내 보고한다. 그러므로 이해해주셨으면 한다. 항상 용건에 관한 일은 중연석 자리에서 [저쪽 역관에게] 전달하게 되어 있으나, 이번 일은 공용의 일이므로 서둘러 [차례 석상에서 이 취지를] 말씀하시어 [그 내용에 대해] 통지하셨다. [은거하신 분에게는] 생각하시는 바가 있어, 그에 근거하여 [이번] 차례에서 전하신 것이므로 납득해주셨으면 한다. 자세한 것은 곤페이가 구상으로 전할 것이다.

(45-03)

〃 今度訳官㆓被仰渡候儀以酊庵御列座゠而被仰渡候様゠与ハ豊後守
様より御差図無之候得共御目代之様゠両国御通交之儀諸事御見届
被成候由兼而も為被仰上置事゠候故　御隠居様御念之為与思召以
酊庵へ被仰入候者御自分御列座゠而申渡候様゠与御差図者無之候
得共御当役之儀゠候条私為念゠候間御列座被成被下候様゠与被仰
達候処夫゠及不申事゠候得共兎も角も御差図

(45-03)

〃 今度[御隠居様が]訳官へ伝達なされた事は、以酊庵も御列座の中
での伝達であった。そのようにとは、豊後守様からの御差図に
は無かったが[以酊庵は]御目代の様に両国御通交の事を諸事御見
届けに成っておられ、兼ねてから[この件に関し]御報告もしてい
たので、御隠居様は念の為とお考えになられ[予め]以酊庵へ[同
席するよう]申し入れをなさっていた。この事は[御隠居様が]御
自分から[以酊庵も居る]御列座の中で[訳官へ]伝達すると、その
ような[前もっての我々への]御差図は無かったのであるが[宴席
の]御当役を仰せ付かっていた私が、念の為[お顔を見せた以酊庵
に]御列座に成って下さいと、お伝えした処[わざわざ列座するほ
どの]必要は無いが、兎も角も[御隠居様からの]御差図が

(45-03)

〃 이번에 [은거하신 분이] 역관에게 전달하신 것은 이테이안도 열
좌한 가운데 전달되었다. 그렇게 하라는 분고노카미 님의 지시

는 없었으나, [이테이안은] 메시로(대리인)처럼 양국 통교의 일이라면 모든 일을 봐오셨으므로, 이전부터 [이 건에 관해] 보고도 해왔다. 때문에 은거하신 분은 만일을 위해 [미리] 이테이안에게 [동석하도록] 요청하셨다. 이 일은 [은거하신 분이] 직접 [이테이안도] 열좌한 가운데 [역관에게] 전달하라는 그러한 [사전의] 지시는 없었으나, [연석] 담당을 명받은 내가 만일에 대비해 [참석하신 이테이안에게] 열좌해주십시오 라고 전하자 [일부러 열좌할] 필요는 없지만, 어쨌든 [은거하신 분의] 지시가

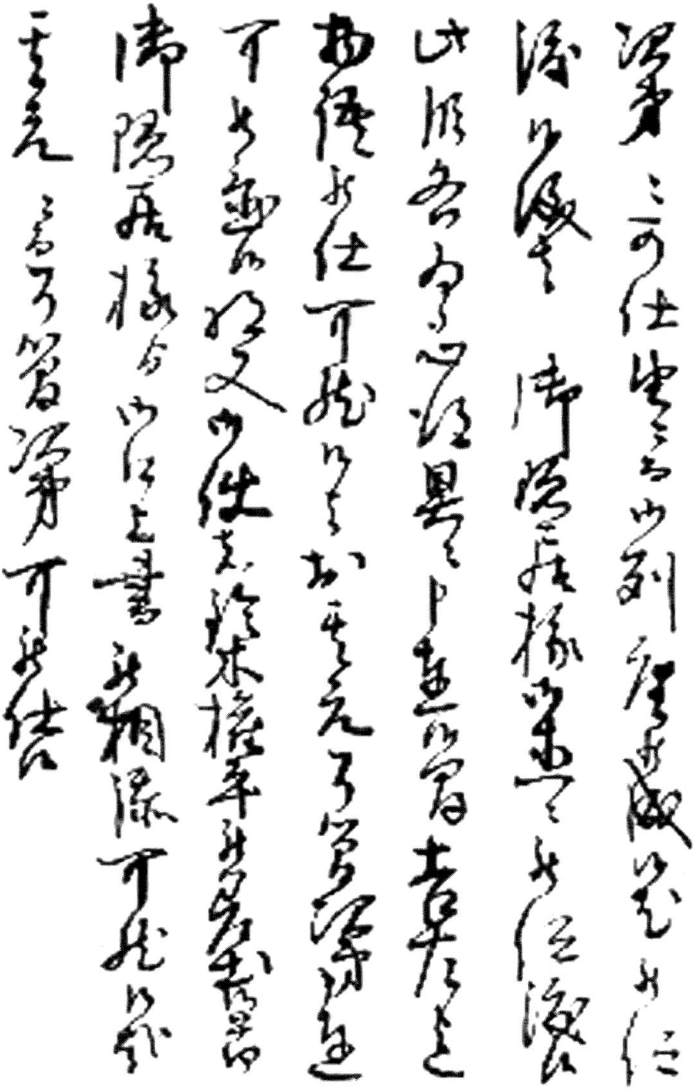

次第ニ可仕由ニ而御列座被成候尤被仰渡候儀者　御隠居様御直ニ被仰渡
候此段各為御心得具ニ申達候間吉左迄物語被仕可然候者於其元了簡次
第申達可被置候将又御使者鈴木権平被差出候節　御隠居様より御口上
書被相添可然候哉其元ニ而了簡次第可被仕候

あるのでと[おっしゃった。]そのような事情で[以酊庵は]御列座に
成っておられた。尤も[御隠居様から訳官への]伝達については、御隠
居様が直々に[彼らに]お伝え下さった。此の事は[御列座の]各々が[そ
のお話しの趣旨を]よく了解できるよう[その内容を]具にお伝え下
さった。それゆえ[この伝達の有様を]吉左殿まで[しっかりと]物語っ
て置くべきであろう。そのような報告については、其元の裁量に於
いて[宜しく]お取り計らい頂きたい。ところでまた御使者として鈴木
権平が[江戸表へ]差し出される事となった。御隠居様から[この度訳
官へ申し伝えたとする公儀への]御口上書が添えられることになっ
た。[その御口上書の報告については、また]宜しく其元に於いて、お
取り計らい頂きたい。

있기 때문에 라고 [말씀하셨다.] 그 같은 사정으로 [이테이안은] 열좌
하셨다. 원래 [은거하신 분이 역관에게] 전달하실 일은 은거하신 분이
직접 [그들에게] 전하셨다. 이 일은 [열좌한] 각자가 [그 이야기의 취
지를] 잘 이해할 수 있도록 [그 내용을] 자세히 전해주셨다. 때문에
[이 전달 상황을] 요시자 님에게 [분명하게] 이야기해두어야 할 것이
다. 그러한 보고에 대해서는 그쪽 재량으로 [잘 되도록] 처리해주셨으
면 한다. 그런데 또 사신으로 스즈키 곤페이가 [에도에] 가게 되었다.

은거하신 분이 [이번에 역관에게 전했다는 것을 장군에게 보고하는] 구상서를 함께 보내게 되었다. [그 구상서의 보고에 대해서는 역시] 잘 처리되도록 그곳에서 힘써 주셨으면 한다.

但話蒼茫能過後以其前

(45-04)

但訳官ﾆ被仰渡候御口上書前ﾆ記シ在之候故省之

(45-04)

但し、訳官へ申し伝えたとする御口上書は、前記して在るので、これを省く。

(45-04)

단, 역관에게 전달했다는 구상서는 전기하였으므로 이것을 생략한다.

梢平に相渡し候上直ぐに沖え

(45-05)

〃權平江相渡候口上書左ニ記之

(45-05)

〃權平へ渡した口上書を、左に記す。

(45-05)

〃곤페이에게 건넨 구상서를 아래에 기록한다.

一 今度□□□海□付 竹□□殿□□

□□□北□□後□□□

□□□□十六□□□□□□□□□□

直使ん 御□□□□□□□

□□□□□ 御□□□知□□□□

列□□□□□□□□□□

口上之覚

一 今度訳官渡海ニ付竹嶋之儀当春於其御地豊後守様ニ被得御差図候
御口上書之通去十六日茶礼之節以酊庵列座ニ而両使ニ 御隠居様
御直ニ御口上ニ而被仰渡候処 御意之趣具承知仕候帰国之刻朝廷
方ニ委細ニ可申達候誠結構被

口上之覚

一 今度、訳官が[朝鮮から対馬へ]渡海して来た事に付いてであ
る。竹嶋の事は、当春その御地[江戸]に於いて、豊後守様から
御差図を受けた。その御口上書の通り、去る十六日、茶礼の節
に、以酊庵が列座する中で[訳官の]両使へ、御隠居様から御
直々に御口上によって伝達があった。すると[あちらが言うに
は]御考えの御趣旨は、具に承知いたしました。帰国となれ
ば、朝廷方へ[この事の]委細を申し伝えます。誠に結構[な御決
断を]

구상서

1. 이번에 역관이 [조선에서 쓰시마에] 도해해 온 일에 관해서이다.
죽도의 일은 올봄에 그곳[에도]에서 분고노카미 님의 지시를 받
았다. 그 구상서대로 지난 16일에 차례를 지낼 때, 이테이안이
열좌한 가운데 [역관] 양사에게 은거하신 분이 직접 구상으로 전
달했다. 그러자 [저쪽이 말하기를] 생각하시는 취지는 자세히 이
해하였습니다. 귀국하면 조정 측에 [이 일을] 자세히 전달하겠습
니다. 정말 좋[은 판단을]

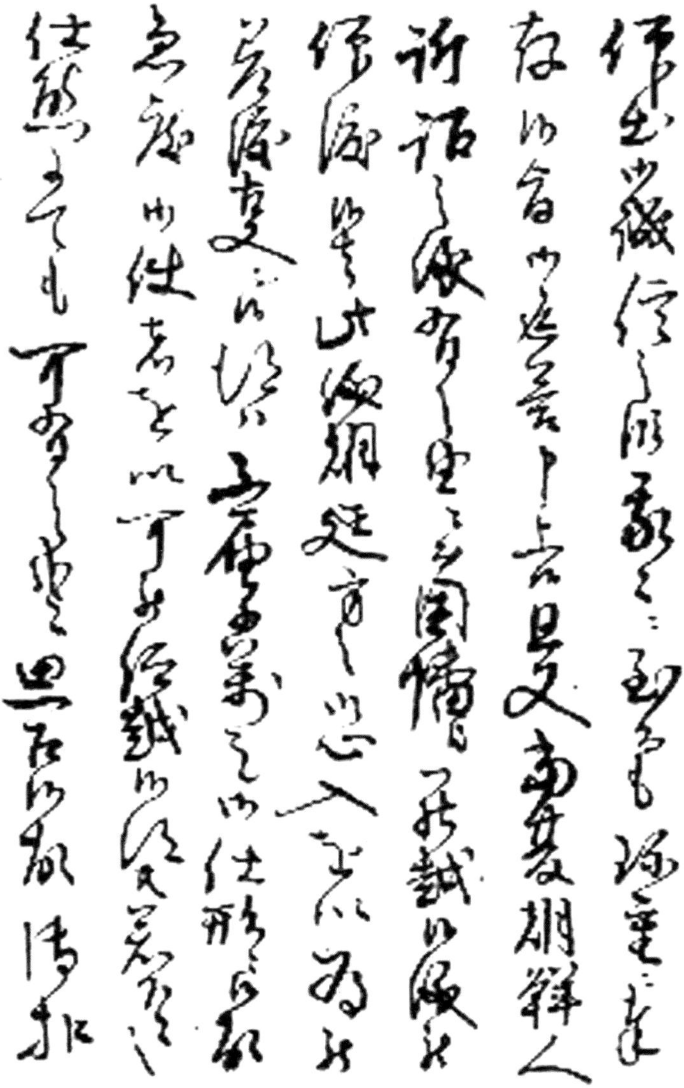

仰出御誠信之段我々ニ至而も珎重ニ奉存候旨御返答申上候且又当夏朝
鮮人訴詔之儀有之由ニ而因幡江罷越候儀被仰渡候者此儀朝廷方之御心
入を以為被差渡事ニ候得ハ不届千万之御仕方ニ候故急度御使者を以可
被仰越候得共若下々之仕態にても可有之哉与思召候故御扣

お話し下さりました。御誠信の事で、我々にとっても珍重に存じま
す。そのような旨を、ここで御返答申し上げます。且つ又、当夏、
朝鮮人の訴訟の事が有ったようでございます。そのように[朝鮮人が]
因幡へ罷り越した事を[私共に]お伝え下さいました。此の事は[もし
も]朝廷方の御心入れによって差し渡された事であれば、不届き千万
の御仕方であり、厳しく御使者を以て[朝鮮へ]申し入れをしなければ
ならぬ事でございます。しかし下々の[考えで、このような事を]しで
かしたようにも思われるので[厳しい申し入れは]御控えに

말씀해주셨습니다. 성신의 일로 우리들도 감사하게 생각합니다. 그
같은 취지를 여기에서 답변으로 말씀드립니다. 또한 올여름에 조선인
이 소송하는 일이 있었던 것 같습니다. 그렇게 [조선인이] 이나바에
건너간 일을 [우리들에게] 전해주셨습니다. 이 일은 [만약] 조정 측의
뜻에 따라 행해진 것이라면 무례하기 그지없는 일로, 사신을 보내 엄
중히 [조선에] 문제 제기를 하지 않으면 안 되는 일입니다. 그러나 아
랫것들의 [생각으로 이러한 일을] 감행한 것으로 판단되므로 [엄중한
항의는] 삼가신 (것이겠지요.)

被成候重而ヶ様之儀有之而者決而朝鮮国之為ニ冝ヶ間敷由朝廷方江急
度可申達之旨是又御口上之趣御直ニ被仰渡候処委細奉得其意候朝廷方
江具可申達候　御意之通此儀者朝廷方為被存儀ニ而ハ有之間敷由我々江
挨拶申候両条之趣有増落着候様ニ相見江候得共為念候故今廿五日中宴
席之節又々我々口上ニ而委く落着候様ニ申達候処返答ニ申候者

成られたという事でございましょう。再び此のような事が有れば、
決して朝鮮国の為に成らないと、朝廷方へ必ず申し伝えるよう、そ
の旨を是れ又、御口上の御趣旨として、御直々に[御隠居様から]仰せ
渡されました。それゆえ此の委細を、其の御心のままに、朝廷方へ
具に申し伝えます。御考えの通り、此の事は朝廷方が承知している
ような事ではありません。そのように[両訳官は]我々に返答を申して
来た。[竹嶋の事と因幡の事、この]両条の趣旨については、この伝達
によって、おおよそ落着となる様にも思われる。しかし念の為、こ
の二十五日の中宴席の折、又々我々から[両訳官へ]口上によって委し
く[説明し、この件が]落着する様に申し伝えて置いた。すると[あち
らが]返答として申した事は、

(삼가신) 것이겠지요. 다시 이 같은 일이 있으면 결코 조선국을 위해
좋지 않을 것이라고, 조정 측에 반드시 전하도록 하라는 그러한 뜻을
다시 구상서의 취지로 해서 직접 [은거하신 분이] 전해 오셨습니다.
때문에 이 상세한 내용을 원하시는 대로 조정 측에 전하겠습니다. 생
각하시는 대로 이 일은 조정 측이 승낙한 일이 아닙니다. 그렇게 [양
역관은] 우리들에게 답변해왔다. [죽도의 일과 이나바의 일, 이] 두 가

지 일의 취지에 대해서는 이 전달로 대략 해결될 것이라고 생각된다. 그러나 만일을 위해 25일의 중연석에서 다시 우리들이 [양 역관에게] 구상으로 자세히 [설명하여 이 건이] 낙착되도록 전해두었다. 그러자 [저쪽이] 답변한 것은

被仰聞候趣一々致承知候帰国之刻具朝廷方江可申達候乍然御口上ニ而
被仰聞候故若我々承違又ハ申違も可有御座候哉与無心元奉存候願者
御口上書ニ被成被下候ハヽ思召之通朝廷方ニ茂可相達候間御書付被下
候様ニ与両使達而願申候　公儀より者御口上ニ而被仰渡候様ニ与之御事
候故随分落着候様ニ御口上ニ而被仰渡候其上ニも為念中宴席之節我々も
具申聞候故

お話し下さった御趣旨については、その一つ一つを承知致しました。
帰国となれば、具に朝廷方へ申し伝えます。然しながら御口上によっ
てお聞かせいただいたので、もし我々[訳官が]承り違いや、申し違い
をしていたら[事は重大です。しかしそのような事も大いに]有り得る
事なので、心元なく思います。お願いしたい事は[真文の]御口上書に
して[こちらにその書付けを]お渡し下さる事でございます。そうすれ
ば、お考え通りの事が、朝廷方に[間違いなく]伝達できます。それゆ
え[真文の]御書付けを[この際]お渡し下さいますようにと、この両訳
使が、たっての願いを申して来た。公儀からは、御口上で伝える様に
との事であり、しっかり落着となるよう御口上で申し伝え、其の上、
念の為、中宴席の折に我々も具に申し伝えた。それゆえ、

말씀해주신 취지에 대해서는 그 하나하나 잘 납득하였습니다. 귀국하
면 자세히 조정 측에 전하겠습니다. 그러나 구상으로 들었기 때문에
만일 우리들 [역관이] 잘못 알아들었거나 잘못 전하게 되면 [큰일입
니다. 그러나 그러한 일도 충분히] 있을 수 있는 일이기 때문에 불안
하게 생각됩니다. 부탁하고 싶은 것은 [한문의] 구상서로 해서 [이쪽

에 그 서부를] 건네주시는 일입니다. 그렇게 하면 생각하시는 그대로
가 조정에 [틀림없이] 전달됩니다. 그러므로 [한문의] 서부를 [이번 기
회에] 건네주십시오 라고 양 역사가 강하게 요구하였다. 장군은 구상
으로 전하라고 하시어 분명하게 해결될 수 있도록 구상으로 전했고,
그리고 만일을 위해 중연석에서 우리들도 자세히 전하였다. 때문에

能落着候様ニ者御座候得共両使共ニ日本詞通し兼候故無心元存候而書
付之儀願申候様ニ相聞江候此方も被仰渡候儀若両使聞違申違なと有之
而者大切成儀与存候故任願我々中より之覚書ニ致シ

うまく落着となる様ではあるが、両訳使共に日本の言葉が通じ兼ね
るため、心元なく思っていた。そこに書付けの事を[こちらに]願って
来た。こちらも伝達したものの、果たして両訳使に聞き違いや申し
違いが無いか、もし有っては大変な事に成ると、そのように思って
いたので、その願い通りに、我々の中で覚書にして、

잘 해결될 것 같으나, 양 역사가 모두 일본어에 능통하지 않아 불안
하게 생각하고 있었다. 그래서 서부의 건을 [이쪽에] 요구해왔다. 이
쪽도 전달하기는 하였으나 양 역사가 잘못 알아듣거나 잘못 전하는
것은 아닌가, 만약 그러한 일이 있어서는 큰일이라고 생각하고 있었
기 때문에 그 소원대로 우리들 중에서 각서로 해서

いら被れ相済可□□を相候得共、
市隠□□稼めしつ□よ□□も可□海□□
走□を相渡り□□行□□□澳□分□れ□
あち□□候□□□諫□稼□狐逹□□可□□走□□
貝□□□

候而成共相渡可申哉与相談仕候若ハ　御隠居様より之御口上書ニも可
被成候哉未然与相済不申候竹嶋之儀ニ付御礼之書簡弥御差越候様ニ朝
廷方江可申達之旨具申聞候

それを渡そうかなどと相談していた。あるいは御隠居様からの御口
上書として、それを作成するかなどと[なおも相談し]未だ結論が付か
ないままであった。[そのような折の彼らの申し出であったから、こ
の真文の書付けについては了承した。そして、その際]竹嶋の事に付
いては[あちらから]御礼の御書簡を、いよいよ[こちらに]御差し渡し
なさるよう、朝廷方へ申し伝えるよう、その旨を[今一度]具に[両訳
官に]申し入れて置いた。

그것을 건네줄 것인가를 상의하였다. 또는 은거하신 분의 구상서로
해서 그것을 작성할까 등을 [다시 상의하여] 아직 결론에 이르지 못
하고 있었다. [그러한 상황에서 그들의 요구가 있었기 때문에 이 한
문의 서부에 대해서는 승낙했다. 그리고 그때] 죽도의 건에 대해서는
[저쪽에서] 감사의 서간을 바로 [이쪽에] 보내주시도록 조정 측에 말
씀드리도록, 그러한 취지를 [지금 재차] 자세히 [양 역관에게] 요구해
두었다.

一 竹嶋并因州ニ朝鮮人罷渡候儀訳官ニ被仰渡候段今度豊後守様ニ御状両
　通ニ而被仰遣候尤竹嶋之儀者御老中様御列座ニ而　御隠居様ニ被仰渡
　候得共御口上書之儀者豊後守様より御渡被成候故豊後守様御一人
　ニ御宛御案内被仰上候处然御連状を以被仰上可然与之御事ニ候ハヽ
　御連状可被差上候因州之儀者吉左殿より被渡候口上書ニ

一 竹嶋の事、ならびに因州へ朝鮮人が渡って来た事についてを[両]
　訳官へ伝達した。その旨を、今度、豊後守様へ御状二通によっ
　て御報告致した。尤も竹嶋の事については、御老中様御列座の
　中で、御隠居様へ御伝達があった事である。だが御口上書の事
　は、豊後守様から御伝達があったので、豊後守様御一人の御宛
　名で御報告を致した。然しながら御連状を以て[御老中様各位
　に]御報告するのが宜しいという事であれば、そのように御連
　状を差し上げていただきたい。因州の事は、吉左殿から渡され
　た口上書には、

1. 죽도의 건 및 이나바에 조선인이 건너온 것에 대한 것을 [양] 역
　관에게 전달했다. 그 뜻을 이번에 분고노카미 님에게 서장 2통
　으로 보고하였다. 원래 죽도에 대해서는 노중들이 열좌한 가운
　데 은거하신 분에게 전달한 일이 있었다. 그러나 구상서의 일은
　분고노카미 님이 전달한 것이었기 때문에 분고노카미 님 한 사
　람 앞으로 보고하였다. 그러나 연장으로 해서 [노중 모두에게]
　보고하는 편이 좋다면 그렇게 연장을 바치고 싶다. 인슈우의 일
　은 요시자 님이 건네주신 구상서로는

御老中様より刑部大輔様に被仰進候而御聞被成候由　御隠居様御口上に
而被仰渡候与之紙面に御座候得共此儀者御仲間に被仰談候而御差図被
成たる儀に而者無之候由豊州様御意之趣書状に被申越候依之竹嶋之儀
与一紙に被仰上候而者如何に思召追而之御状に而被仰進候訳官渡海之

御老中様から刑部大輔様へ御連絡があり、その御聞きに成られた通
りを、御隠居様から御口上にて[訳官へ]伝達するようにとの御紙面で
あった。だが此の事は[豊後守様が閣老ヵ]御仲間衆と御相談の上で
[このように]御差図に成られた事では無い。豊州様の御考えの御趣旨
は[別の]書状に記されている。これに依れば、竹嶋の事と[因州の事
とを]一紙に[まとめ、あちらに]御報告なさっては[果たして]如何なも
のかと、そのように思っておられた。それゆえ追っての御状にて[示
された如く、あちら朝鮮へは別々に]御報告なさることになった。訳
官が渡海して来た事の

노중 님이 교우부 타이후 님에게 연락하여, 연락받은 대로 은거하신
분이 구상으로 [역관에게] 전달하라는 지면이었다. 그러나 이 일은
[분고노카미 님이 각 노중] 동료들과 상담한 후에 [이처럼] 지시하신
것은 아니다. 호우슈우 님의 생각하시는 취지는 [따로] 서장에 기록되
어 있다. 이에 의하면 죽도의 일과 [인슈우의 일을] 한 장에 [정리하
여 저쪽에] 보고해도 [과연] 괜찮을 것인가 라고 그렇게 생각하고 계
셨다. 때문에 추가한 서장으로 [말씀하신 것처럼 저쪽 조선에는 별도
로] 보고하시게 되었다. 역관이 도해해 온 일의

御案内者先例御飛脚を以被仰上候得共此度者右之御用被仰渡候故以御使者御案内被仰上可然被思召為御使者鈴木権平被差越候御使者被差出候節　御隠居様より御口上書被相添可然候哉其元ニ而了簡次第可被仕候

御連絡は、先例に則り、御飛脚を以て[すでに]報告を致したが、此の度の事は、右の御用を命じられての事ゆえ[別途]御使者を以て御報告しなければならない。そのように[御隠居様は]お考えになっておられた。それゆえ御使者として鈴木権平を[再び江戸へ]差し遣わすことになった。その御使者が到着した節には、御隠居様からの御口上書を、ここに相添えて置くので、相応しいよう其元にて御思案の上、御取り扱い下さるよう[お願いする]。

연락은 선례에 따라 비각을 보내 [이미] 보고하였으나, 이번의 일은 위의 일을 명받은 것이기 때문에 [별도로] 사자를 보내 보고하지 않으면 안 된다. 그렇게 [은거하신 분은] 생각하고 계셨다. 그래서 스즈키 곤페이를 사자로 하여 [에도에] 보내기로 했다. 이 사자가 도착하면 은거하신 분의 구상서를 여기에 첨부하였으니, 그에 상응하게 그쪽에서 생각하여 대처해주실 것을 [바란다.]

一 当春 御隠居様御暇御拝領之節於御城竹嶋ニ日本人渡海候而者朝
　鮮人入交如何ニ候故向後此方之漁民不罷渡候様ニ与伯耆守殿ニ以
　奉書申渡候旨御老中様御列座ニ而被仰渡候付

一 当春、御隠居様が[国元への]御暇を御拝領の節、御城(江戸城)に
　於いて[申し渡された事は]竹嶋へ日本人が渡海しては、朝鮮人
　と入り交り、如何かと思われる。それゆえ向後こちらの漁民
　は[島に]渡らぬ様にと、伯耆守殿へ奉書を以て申し伝えると、
　そのような趣旨を、御老中様方が御列座の中で伝達された。
　それに付いて、

1. 올봄에 은거하신 분이 [국원으로 가는] 휴가를 배령받았을 때,
　성(에도 성)에서 [명받은 것은] 죽도에 일본인이 도해하면 조선
　인과 뒤섞이게 되어 좋지 않다고 생각된다. 그러므로 향후 이쪽
　어민은 [섬에] 건너가지 않도록 하라고, 호우키노카미 님에게 문
　서로 전하도록 하라는 그러한 취지를 노중 님들이 열좌하신 가
　운데 전달하셨다. 그에 대해

御隠居様御返答ニ被仰上候者竹嶋ㇸ日本人渡海不仕候様被仰付候儀早
く彼方ㇸ不承候様ニ仕度之旨被仰上候処夫ともニ豊後守殿ㇸ被仰入候様
ニ与之御事ニ付御退出以後豊後守様ㇸ直右衛門を以右之段被仰遣候処御
聞届被成候伯耆守殿ㇸ被仰渡候段ハ遅くてもの儀ニ思召候与之

御隠居様が御返答なさった事は、竹嶋ㇸ日本人が渡海しないようにと、
そのような御指示があった事は、早くあちら[鳥取藩]へは伝えない様
にしていただきたいと、そのような趣旨を申し上げた。すると、そ
のような事は[他の様々な事と]共に、豊後守殿へお話し下さり御相談
なさるように、との事であった。そこで[御城から]御退出以後、豊後
守様へ平田直右衛門を以て、右の事について御相談に伺わせた。す
ると[その旨を]御聞き届けに成られた。伯耆守殿への御伝達は、遅く
なっても[支障は無いと]の事で、そのようにお考えなっておられる

은거하신 분이 답하신 것은 죽도에 일본인이 도해하지 않도록 하라
는, 그 같은 지시가 있었던 일은 급하게 저쪽 [돗토리한]에는 전하지
않아 주셨으면 좋겠다는 그 같은 취지를 말씀드렸다. 그러자 그 같은
일은 [다른 여러 가지 일과] 함께 분고노카미 님에게 말씀드려 상담
하라는 것이었다. 그래서 [성에서] 퇴출한 이후, 분고노카미 님에게
히라타 나오에몬을 보내 위의 일에 대한 상담을 여쭈었다. 그러자
[그 뜻을] 들어주셨다. 호우키노카미 님에게 전달하는 것은 늦어져도
[지장 없는] 일로, 그렇게 생각하고 계신다는

御返答にて候右之首尾ニ候得者訳官ニ被仰渡御案内有之候以後伯耆守
様ニ被仰渡候首尾ニ而も可有之哉与思召候間兼而も申上置候通竹嶋之
儀訳官ニ申渡候付此度以使札御案内申上候間竹嶋ニ日本人渡海不仕候
様ニ与之儀朝鮮ニ申渡候以後伯耆守殿ニ被仰渡被下候得かしと申上置候
故為念此段

御返答をいただいた。右の段取りになった事で、訳官へ伝達したとい
う[御隠居様から公儀への]御報告が有り、それ以後[公儀から]伯耆守
様へ[その旨の]御伝達があるという首尾にも成るのであろうか。その
ようにも思い、それゆえ兼ねてから申し上げて置いた通り、この度、
竹嶋の事を訳官へ伝達したので、それに付いて使札を以て[公儀へ]御
報告を申し上げるのである。すなわち、竹嶋へ日本人が渡海しないよ
うにとの事を、朝鮮へ申し渡したという御報告である。以後、伯耆守
殿へ[この日本人の渡海禁止の事を]御伝達下さいますようにと[そのよ
うに公儀へ]申し上げて置くのである(註2)。そして念の為この事を

답을 주셨다. 이 같은 절차가 결정되었으므로 역관에게 전달하고 싶다
고 [은거하신 분이 장군에게] 보고하면, 이후 [장군이] 호우키노카미
님에게 [그 내용을] 전달하는 순서가 될 것인가. 그렇게 생각되어 전부
터 말씀드려 놓았듯이, 이번에 죽도의 일을 역관에게 전달했으므로 그
에 대해 사찰로 [장군에게] 보고를 올리는 것이다. 즉 죽도에 일본인이
도해하지 않도록 하라는 것을 조선에 전했다는 보고이다. 이후 호우키
노카미 님에게 [이 일본인의 도해금지의 일을] 전달해주시도록 [그렇
게 장군에게] 보고해두는 것이다. 그리고 만일에 대비해 이 일을

申上候旨吉左迄成共各口上ニ而被申達如何可有之候哉右之通当春被仰
上置たる首尾ニ候故為念被仰越候間其元之帳面ニ而前後被考了簡次第
宜被申達候委細書状ニ申達権平口上ニ茂申含候得共為念口上書いたし
相渡候委曲権平可申述候以上

[そちらからも公儀へ]申し上げて置くように[なさっていただきたい。
その折には]その旨を吉左殿まで成りとも、各々方が口上によってお
伝え下さり、如何かと[御伺いしていただくような事]が有るべきであ
ろう。右の通りの事を[御隠居様から豊後守様へ]当春申し上げ[この
度]そのような首尾になったので、念の為[このように]御報告するので
ある。其元の帳面にて[事の]前後を[確認し]御了解次第[この事につい
て]宜しく申し伝えをしていただきたい。委細は書状に記し、権平の
口上にも申し含めておいた。だが念の為、こうして口上書にして相渡
す事にした。委曲は権平が申し述べることと思う。以上である。

[그쪽에서도 장군에게] 말씀드려두도록 [해주셨으면 한다. 그때는] 그
내용을 요시자 님에게도 각각 구상으로 전해주시고, 어떠하신지 [여
쭈어 보시는 일]이 있어야 한다. 위 같은 일을 [은거하신 분이 분고노
카미 님에게] 올봄에 말씀드려 [이번에] 그 같은 상황이 되었으므로
만일을 위해 [이렇게] 보고하는 것이다. 그쪽 장부에서 [일의] 전후를
[확인하고] 양해하는 대로 [이 일에 대해] 잘 전해주었으면 한다. 자
세한 것은 서장에 기록하고, 곤페이가 구상으로 전할 내용에도 포함
시켜 두었다. 그러나 만일을 위해 이렇게 구상서로 건네기로 했다. 자
세한 것은 곤페이가 이야기할 것이라고 생각한다. 이상이다.

十月廿四日

平田卯年人足
大浦忠左衛門

杉村宗四郎
田島十左衛門
平田重左衛門
多田興左衛門
樋口孫左衛門
杉村喜女

十月廿五日

   杉村三郎左衛門

   田嶋十郎兵衛

   平田直右衛門

   多田与左衛門

   樋口孫左衛門

   杉村采女

   平田隼人殿

   大浦忠左衛門殿

<ruby>十月二十五日<rt>かんなづきはつかあまりいつか</rt></ruby>

  <ruby>杉村三郎左衛門<rt>すぎむらさぶろうざえもん</rt></ruby>

  <ruby>田嶋十郎兵衛<rt>たじまじゅうろうべえ</rt></ruby>

  <ruby>平田直右衛門<rt>ひらたなおえもん</rt></ruby>

  <ruby>多田与左衛門<rt>ただよざえもん</rt></ruby>

  <ruby>樋口孫左衛門<rt>ひぐちまござえもん</rt></ruby>

  <ruby>杉村采女<rt>すぎむらうねめ</rt></ruby>

  <ruby>平田隼人殿<rt>ひらたはやととの</rt></ruby>

  <ruby>大浦忠左衛門殿<rt>おおうらただざえもんとの</rt></ruby>

12월 25일

   스기무라 사부로우자에몬

   타지마 쥬우로우베에

   히라타 나오에몬

타다 요자에몬
히구치 마고자에몬
스기무라 우네메

一、攝牟假十二月九日望尸圭栗

(45-06)

〃権平儀十二月九日江戸参着

(45-06)

〃権平は十二月九日、江戸に参着した。

(45-06)

〃곤페이는 12월 9일 에도에 도착했다.

(45-07)

〃十二月十三日御使者権平御留守居白水杢兵衛同道阿部豊後守様〔ニ〕罷出御取次秋山惣右衛門を以　天竜院公より之御口上申上訳官持渡書簡并ニ書簡ニ相添候御連状御書簡之写相添差出之将又豊州様〔ニ〕竹嶋之儀被仰進候御状一通因州〔ニ〕朝鮮人渡海之儀被仰渡候追而之御状一通是又権平持参仕差上之候其節杢兵衛を以

(45-07)

〃十二月十三日、御使者たる権平は、御留守居の白水杢兵衛を同道して、阿部豊後守様方へ罷り出た。御取次ぎの秋山惣右衛門を以て、天竜院公からの御口上を申し上げ、訳官が持ち渡って来た書簡、ならびに書簡に相添えた御連状と御書簡の写しとを添え、差し出した。そして又、豊州様へ竹嶋の事について御報告となる御状を一通、因州へ朝鮮人が渡海の事で御指示があり、それに対する追加の御状を一通、これを又、権平は持参致しましたので、差し上げます[と申し上げた。]其の節、杢兵衛を以て

(45-07)

〃12월 13일 사자 곤페이는 당번인 하쿠스이 모쿠베에를 동반해, 아베 분고노카미 님을 찾아뵈었다. 주선자 아키야마 소우에몬을 통해 텐류우인 공으로부터의 구상을 말씀드리고, 역관이 가지고 온 서간 및 서간에 첨부된 연장과 서간 사본을 같이 제출했다. 그리고 호우슈우 님에게 죽도의 일에 대한 보고 서장 1통, 인슈우에 조선인이 도해한 일에 대한 지시, 그에 대한 추가 서장 1통, 이를 곤페이가 지참하여 올립니다 [라고 말씀드렸다.] 그때 모쿠베에를 통해

相伺候者竹嶋之儀与因州㆓朝鮮人渡海之儀一紙㆓書載仕候御連状も差越
候両通之内何成共得御差図差出候様㆓与申越候由申達候処則被申上被
仰出候者御使者御口上之趣致承知候㆕書簡写共㆓被差出御在所より之御
状共致披見候追而自足御返答可申入候書簡㆕御連状扱又竹嶋之儀因州㆓

伺った事は、竹嶋の事と、因州へ朝鮮人が渡海して来た事とについ
て、一紙に[纏め]書き載せた御連状も持って参りました。両通りの
内、いずれでも御差図によって差し出す様にと[刑部大輔から]指示を
受けておりますと、このように申し上げた。すると直ぐ[豊後守様へ]
御報告なさり、御返答下さった事は、御使者の御口上の趣旨につい
ては承知を致した。その口上書と並び、書簡の写しを共に[こちらに]
差し出すように。御在所[対馬]からの御状と共に[それらを]拝見致
し、追って、またこれから御返答を致したいと存ずる。さて書簡な
らびに御連状、又、竹嶋の事、因州へ

여쭌 일은 죽도의 일과 인슈우에 조선인이 도해해 온 일에 관해, 한
장에 [정리해] 기재한 연장도 가지고 왔습니다. 두 가지 중 어느 것이
라도 지시에 따라 제출하라는 [교우부 타이후의] 지시를 받았습니다
라고 이렇게 말씀드렸다. 그러자 바로 [분고노카미 님에게] 보고하시
어 답변하시길, 사자의 보고내용의 취지에 대해서는 잘 알았다. 그 구
상서와 서간 사본을 같이 [이쪽에] 제출하도록 하라. 어재소[쓰시마]
에서 보낸 서장과 같이 [그것들을] 배견하고, 추후 다시 답하고 싶다
고 생각한다. 그런데 서장 및 연장 또 죽도의 일, 인슈우에

朝鮮人渡海候儀被仰渡候右両様一紙ニ被成候御連状を御月番ニ差出候
様ニ与御差図被成候付直ニ御月番戸田山城守様ニ権平杢兵衛罷出御取次
常川七右衛門ニ致面談御口上申上御書簡幷御連状二通差上之候其節申
上候者常ニ訳官罷渡書簡差上候節者以飛札申上候得共此度者

朝鮮人が渡海した事、それぞれについて[刑部大輔様は]御連絡下さっ
た。[この内]右の両様を一紙に[お纏めに]成った御連状を[先ずは]御
月番へ差し出す様にと[豊後守様は]御差図に成られた。[そのように
秋山惣右衛門が話してくれたので]それゆえ直ちに御月番の戸田山城
守様へ、権平と杢兵衛が罷り出て、御取次の常川七右衛門へ面談を
致した。そして御口上を申し上げ、御書簡ならびに御連状[合わせて]
二通を差し上げた。其の節、申し上げた事は、訳官が渡って来て書
簡を差し上げる節は、常に飛札を以て[公儀へ]申し上げるのですが、
此の度は[御指示をいただいた]

조선인이 도해한 일, 각각에 대해 [교우부 타이후기] 연락을 주셨다.
[이 중] 위의 두 가지를 한 장으로 [정리]하신 연장을 [우선] 월번에
제출하도록 하라고 [분고노카미 님이] 지시하셨다. [그렇게 아키야마
소우에몬이 말해주었기 때문에] 바로 월번 토다 야마시로노카미 님
에게 곤페이와 모쿠베에가 찾아가, 주선자 쓰네가와 시치에몬과 면담
했다. 그리고 구상을 말씀드리고 서간 및 연장 [도합] 2통을 드렸다.
그때 말씀드린 것은 역관이 건너와 서간을 바칠 때는 항상 비찰을 보
내 [장군에게] 말씀드리는데, 이번에는 [지시받은]

公用等訳官ニ申渡候付以使者申上候通申達候尤右之趣豊州様ニ而も申
上候御返答被仰出候者被入御念御使者御口上之趣致承知候書簡幷御状
致披見候追而従足御返答可被成与之御事承之罷帰候柳沢出羽守様松
平右京大夫様ニ右書簡ニ付御状被遣候ニ不及候故差出不申候

公用の事などを[あちらの]訳官へ申し渡したので、こうして使者を以
て申し上げますと、この通りに申し伝えた。尤も右の趣旨は、豊州
様にても[この通りに]申し上げた。[常川七右衛門が]御返答としてお
話し下さった事は、御念を入れられ、御使者の御口上の趣旨につい
ては、承知を致しました。書簡ならびに御状を拝見した後、追って
御返答に成られますとの事であった。これを承り、罷り帰った。柳
沢出羽守様、松平右京大夫様へは、右の書簡に付いての御状を持参
し報告するには及ばないと[豊後守様からの御指示が]あった。それゆ
え[この御両所様には]差し出す事はしていない。

공용의 일 등을 [저쪽] 역관에게 전했기 때문에, 이렇게 사자를 보내
말씀드립니다 라고 이렇게 전했다. 물론 위의 취지는 호우슈우 님에게
도 [이대로] 말씀드렸다. [쓰네가와 시치에몬이] 답변해주신 것은 성의
를 다한 사자의 구상내용의 취지에 대해서는 이해했습니다. 서간 및
연장을 배견한 후 바로 답변하시겠다는 것이었다. 이 말을 듣고 돌아
왔다. 야나기자와 데바노카미 님, 마쓰다이라 우쿄우타이후 님에게는
위의 서간에 대한 서장을 지참해 보고할 필요는 없다는 [분고노카미
님의 지시가] 있었다. 그래서 [두 분에게는] 제출하지 않았다.

(45-08)

〃同月十五日戸田山城守様御内荒川与右衛門方より此方留守居中ニ
手紙ニ而今晩使者同道罷出候様ニ与申来候付鈴木権平半兵衛同道
仕罷出候処御取次松坂市郎右衛門を以訳官持渡候書簡幷弔礼之書
簡御返被成山城守様御一判之御返事御奉書一通御渡被成請取罷帰

(45-08)

〃同月十五日、戸田山城守様の御家来の荒川与右衛門方から、此
方の留守居中へ手紙によって、今晩使者を同道して罷り出る様
にと連絡が来た。そこで鈴木権平と鈴木半兵衛が同道して[山城
守様方へ]罷り出た。すると御取次ぎの松坂市郎右衛門を以て、
訳官が持ち渡った書簡ならびに弔礼の書簡を[こちらに]御返しに
成られ、山城守様の御一判のある御返事の御奉書を一通[こちら
に]御渡しに成られた。これを受け取り罷り帰った。

(45-08)

〃동월 15일에 토다 야마시로노카미 님의 가신 아라카와 요에몬
측에서 이쪽 당번에게 편지로, 오늘 밤 사자를 동반해 오라는 연
락이 왔다. 그래서 스즈키 곤페이와 스즈키 한베에가 함께 [야마
시로노카미 님을] 찾아갔다. 그러자 주선자 마쓰자카 이치로우
에몬을 통해, 역관이 가지고 온 서간 및 조찰(조문) 서간을 [이쪽
에] 돌려주시며, 야마시로노카미 님의 인이 있는 답서의 봉서 1
통을 [이쪽에] 건네주셨다. 이것을 받아 돌아왔다.

一
山城ヲ被山一別...

(45-09)

〃山城守様御一判之御奉書左ニ記之

　御奉書考出し不申故不記之

(45-09)

〃山城守様の御一判のある御奉書を左に記す。

　御奉書が見あたらないので、これは記さない。

(45-09)

〃야마시로노카미 님의 인이 있는 봉서를 아래에 기록한다.

　봉서는 보이지 않아 이것은 기록하지 않는다.

(45-10)

〃江戸表大浦忠左衛門方より十二月十九日二通之返書之略左ニ記之

(45-10)

〃江戸表の大浦忠左衛門方から十二月十九日付けで[国元へ]二通の
返書があった。この略を左に記す。

(45-10)

〃에도의 오오우라 타다자에몬이 12월 19일부로 [국원에] 2통의 답
서를 보냈다. 이 개략을 아래에 기록한다.

〃去ル十三日豊後守様ﾍ鈴木権平白水杢兵衛致参上伺之候処竹嶋凶州
之儀一紙ﾆ御書載候御連状可差出之旨御差図被成則御月番ﾍ差出
申候委細別紙ﾆ申進候右之儀ﾆ付従　御隠居様御口上書可被差出哉
之旨被仰下候得共夫ﾆ及間敷与奉存候使者口上書ﾆ仕御取次衆迄
差出申候尤御口上書之通口上ﾆ而も申達候

返書(その一)

〃去る十三日、豊後守様へ鈴木権平と白水杢兵衛が参上致し[公儀
への御報告の事を]お伺い致しました。すると竹嶋の事と凶州の
事とは、一紙に御書き載せになった御連状を差し出すのがよい
と、そのような御差図があり、直ぐに御月番へ[その御連状を]差
し出しました。委細は別紙にて申し上げます。右の事に付い
て、御隠居様からの御口上書を[公儀へ]差し出すべきかと[その
ような]お尋ねが[そちらから]ありましたが、その必要は無いと
存じます。使者が口上書によって報告を致しました。それを御
取次ぎ衆まで差し出しました。尤も御口上書の通りに、口上に
ても申し伝えました。

답서(그 1)

〃지난 13일 분고노카미 님에게 스즈키 곤페이와 하쿠스이 모쿠베
에가 찾아뵙고 [장군에게 보고할 일] 여쭈었습니다. 그러자 죽
도의 일과 인슈우의 일은 한 장에 기재한 연장을 제출하는 것이
좋다는, 그러한 지시가 있어 즉시 월번에게 [그 연장을] 제출하
였습니다. 자세한 것은 별지로 말씀드리겠습니다. 위 일에 대해

은거하신 분이 보낸 구상서를 [장군에게] 제출해야 하는지 [그러한] 질문이 [그쪽에서] 있었지만 그럴 필요는 없다고 생각합니다. 사자가 구상서로 보고했습니다. 그것을 주선자에게 제출했습니다. 그리고 구상서대로 구상으로도 전했습니다.

〃去十三日豊後守様ニ権平差出候已後忠左衛門儀も致参上三沢吉左ニ
致対面御口上ニ申達候者竹嶋ニ日本人渡海不仕候様ニ被仰付候儀刑部
大輔方より不申渡以前彼国ニ不承候様仕度旨申上候処御聞届被成候
伯耆守様ニ被仰渡候段者遅く候而茂不苦儀ニ思召候与之御返答ニ而

返書(その二)

〃去る十三日、豊後守様へ権平を差し出しました。その後、忠左
衛門も参上し、三沢吉左[衛門殿]へ対面を致しました。御口上に
て申し伝えた事は、竹嶋へ日本人が渡海しないよう御指示が
あった事を、刑部大輔方から[朝鮮の訳官に]申し渡す前に、彼の
国に伝わらぬ様にしていただきたいと、そのように[当春]申し上
げました。その事について[その折]御聞き届けをいただきまし
た。伯耆守様へ御連絡なさる事は、遅くなっても構わないと、
そのようなお考えであるとの御返答で

답서(그 2)

〃지난 13일 분고노카미 님에게 곤페이를 보냈습니다. 그 후 타다
자에몬도 찾아가 미사와 요시자(에몬 님)와 대면했습니다. 구상
으로 말씀드린 것은 죽도에 일본인이 도해하지 않도록 하라는
지시가 있었던 일을, 교우부 타이후 측에서 [조선 역관에게] 전
하기 전에 그 나라에 전달되지 않도록 해달라고 그렇게 올봄에
말씀드렸습니다. 그 일에 대해 [그때] 승낙해주셨습니다. 호우키
노카미 님에게 연락하는 일은 늦어져도 상관없다고, 그러한 생
각이라는 답변

御座候右之首尾ニ御座候故訳官ニ竹嶋之儀申渡候段御案内申上候以後
伯耆守様ニ被仰渡候事ニ而も可有御座哉与奉存候竹嶋之儀訳官ニ申渡候
付此度以使札御案内申上候間竹嶋ニ日本人渡海不仕候様ニ与之儀未伯
耆守様ニ不被仰渡御儀ニ御座候者弥被仰渡可被下旨申越候由申達候処
奥ニ被入暫有而被罷出

ございました。右の首尾で御座いましたので[今回あちらの]訳官へ竹
嶋の事を申し渡した事を[ここで]御報告申し上げます。以後は伯耆守
様へ御連絡なさる事も、有る事であろうと思っております。竹嶋の
事を[あちらの]訳官へ申し渡しましたので、此の度、使者[を立てて
の]書札を以て[こうして]御報告を申し上げます。竹嶋へ日本人は渡
海を仕らぬ様にと、そのような事は未だ伯耆守様へ御連絡なさって
おられない事で御座いましょう。それゆえ、いよいよ御連絡なさる
べきと、その旨の申し出を致しました。そのように申し伝えた処[吉
左衛門殿は]奥へ入られ、暫く有って罷り出て来られました。

(답변)이었습니다. 위 같은 내용이었기 때문에 [이번에 저쪽] 역관에게
죽도의 일을 전달한 것을 [이곳에서] 보고드립니다. 이후 호우키노카미
님에게 연락하시는 일도 있을 것이라고 생각하고 있습니다. 죽도의 일
을 [저쪽] 역관에게 전달하였으므로, 이번에 사자[를 보내] 서찰로 [이
렇게] 보고를 드립니다. 죽도에 일본인은 도해하지 않도록 하라고, 그
같은 일을 아직 호우키노카미 님에게 연락하시지 않고 계시겠지요. 그
래서 이제는 연락하셔야 된다고 그런 취지를 말씀드렸습니다. 그렇게
전달하자 [요시자에몬이] 안으로 들어가시어 잠시 후에 나오셨습니다.

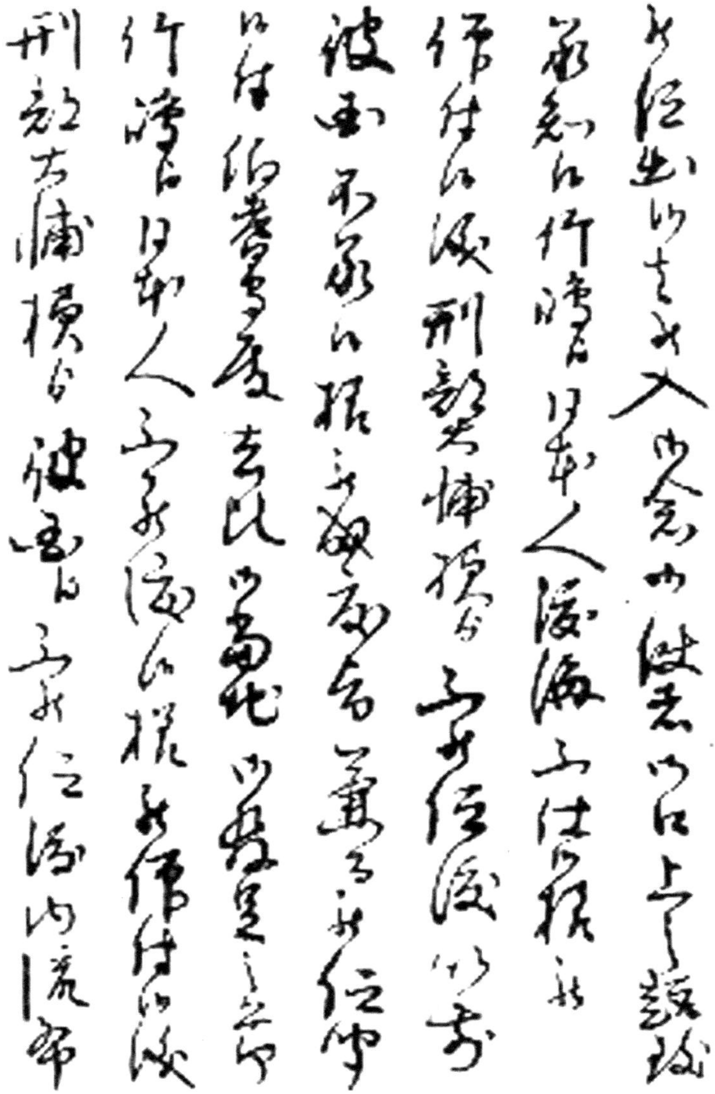

被仰出候者被入御念御使者御口上之趣致承知候竹嶋江日本人渡海不仕
候様被仰付候儀刑部大輔様より不被仰渡以前彼国不承候様被成度旨
兼而被仰聞候付伯耆守殿去比御当地御発足之節竹嶋江日本人不罷渡候
様被仰付候儀刑部大輔様より彼国江不被仰渡内流布

[そこで]お話し下さった事は、御念をお入れ下さいました。御使者の
御口上の趣旨については、承知を致しました。竹嶋へ日本人が渡海
しない様にとの御指示は、刑部大輔様が[朝鮮へ]申し渡す前には、彼
の国へは知らせないようにと言うようにして頂きたい、そのような
御趣旨は以前、お聞かせ頂いておりました。それに付いて[少しばか
り触れて置きますと]伯耆守殿は、去る頃、御当地[江戸を]御発ちに
なり[国元にお帰りになられました。]その節、竹嶋へ日本人が罷り渡
らぬ様にとの御指示があった事、そして刑部大輔様から彼の国へ申
し渡しが成されぬ内は[その事が]流布

[그곳에서] 말씀해주신 것은, 신경을 써주셨습니다. 사자가 말씀하신
취지에 대해서는 잘 알았습니다. 죽도에 일본인이 도해하지 않도록
하라는 지시는, 교우부 타이후가 [조선에] 전달하기 전에는 그 나라에
알리지 않아 주셨으면 한다는, 그 같은 취지는 이전에 들었습니다. 그
에 대해 [약간 말씀드리자면] 호우키노카미 님은 그 당시, 당지 [에도
를] 출발하시어 [국원으로 돌아가셨습니다.] 그때 죽도에 일본인이 건
너오지 않도록 하라는 지시가 있었던 일, 그리고 교우부 타이후가 그
나라에 전하기 전에는 [그 일이] 유포

無之様ニ与存候刑部大輔様より被仰渡候時節御考竹嶋ニ渡来候町人共ニ
も被仰渡候様被申渡置候今度訳官ニ被仰渡候間弥向後日本人彼嶋ニ不
被差渡候様ニ猶更伯耆守殿ニ可申渡候右之段便之節刑部大輔殿ニ申越候
様ニ与御返答ニ而御座候故段々御心入之段可申上様も無

しない様にという[注意の]御指示[は伝えてあります。だから日本人
の竹島への渡海禁止]については[すでに伯耆守殿は]御存知でござい
ます。刑部大輔様から[朝鮮へ]申し渡される時節[その伝達の]御考え
[を、伯耆守殿へは申し伝えてあります。]また竹嶋へ渡る[伯耆の]町
人どもへも[その旨を伯耆守殿から]御命じ下さるよう、申し伝えてあ
ります。今度[刑部大輔様が]訳官へ申し渡しをなさいましたので、い
よいよ向後、日本人が彼の嶋へ渡る事の無いよう、猶更、伯耆守殿
へ申し渡さなければなりません。右の事を[何かの]便りの折に、刑部
大輔様へお伝え下さいます様にと[そのような吉左衛門殿の]御返答で
御座いました。そこで、このように色々と御配慮の事があっては[こ
ちらからは御礼の]申し上げようも

되지 않도록 하라는 [주의하시는] 지시[를 전했습니다. 그러므로 일본
인의 죽도도해금지]에 대해서는 [이미 호우키노카미 님은] 알고 계십
니다. 교우부 타이후 님이 [조선에] 전달하실 시기 [그 전달] 방법[을
호우키노카미 님에게는 전했습니다.] 또 죽도에 건너가는 [호우키의]
정인들에게도 [그 취지를 호우키노카미 님이] 명해주실 것을 전했습
니다. 이번에 [교우부 타이후가] 역관에게 전달하였기 때문에 향후 일
본인이 그 섬에 건너가는 일이 없도록, 다시 호우키노카미 님에게 전

하지 않으면 안 됩니다. 위의 일을 [어떤] 연락하실 일이 있을 때, 교우부 타이후 님에게 전해주시도록 [그 같은 요시자에몬의] 답변이셨습니다. 그래서 이렇게 여러 가지로 배려해주셔서 [이쪽에서는 감사의 말씀을] 드릴 방법이

御座候国元ニ具ニ申可申越旨申達候将又今度者訳官ニ竹嶋之儀以酉丁庵御列座ニ而
被仰渡候趣其御地より被仰越候通吉左迄申達候此返答者如何様共無御座
候付吉左ニ相尋候処弥申上候由被申候旁以御首尾能御座候而珎重奉存候

ありません。[この御配慮の事を]国元へ具に報告致しますと、その旨
を申し伝えました。[すると、さらに吉左右衛門殿が申すには]なおま
た今度[あちらの]訳官へ竹嶋の事を伝える時、以酉丁庵を御列座の中に
置き、そこで御申し渡しを成さったようで、その事が其の御地[対馬]
から報告としてございました。その通りの事が[私]吉左迄、申し伝え
られました[と、お話しがありました。]この事については[どう]返答
を[してよいのやら、とっさには]どのようにも出来なくて、吉左殿へ
[改めて事情を]お尋ねした処、いよいよ[刑部大輔様の御心遣いにつ
いて、感謝を]申し上げますと、そのような事を申されました。あれ
これと御首尾が能く運び、なによりの事でございました。

없습니다. [이렇게 배려해주신 것을] 국원에 자세히 보고하겠습니다 라
고, 그 뜻을 말씀드렸습니다. [그러자 다시 요시자에몬 님이 말씀하시
기를] 이번에도 [저쪽] 역관에게 죽도의 일을 전할 때 이테이안을 열좌
시킨 가운데 전달하셨다고, 그 같은 일을 그곳 [쓰시마]에서 보고해주
셨습니다. 그것이 그대로 [나] 요시자에게까지 전달되었습니다 [라고
말씀하셨습니다.] 이 일에 대해서는 [어떻게] 답변을 [해야 하는지 즉
석에서는] 어떻게 할 수 없어, 요시자 님에게 [다시 사정을] 묻자 [교우
부 타이후 님이 마음써주신 것에 대해 감사]드린다는 그 같은 일을 말
씀하셨습니다. 여러모로 일이 잘 해결되어 다행이라고 생각합니다.

(45-11)

〃此程豊州様ニ忠左衛門罷出吉左迄申達候竹嶋ニ日本人不被差渡候
様ニ松平伯耆守様ニ被仰渡候哉無心元存昨日吉左方ニ以手紙相尋
候処今日返事ニ申来り候者伯耆守様御留守居衆豊後守様御宅ニ被
召寄被仰渡候由申参候

(45-11)

〃此の程、豊州様へ忠左衛門が罷り出で、吉左殿まで申し伝えた
事についてでございます。竹嶋へ日本人は渡らぬようにと、そ
のように松平伯耆守様へはお伝え下さったのでしょうか。[まだ
御返事が無く、こちらでは]心元無く思っておりますと[そのよう
に]昨日、吉左方へ手紙を以て[この旨の]お尋ねをしておいた。
すると今日[こちらへ]返事を申して来た。それによれば、伯耆守
様の御留守居衆を豊後守様の御宅に召し寄せ[右の事を]御伝達な
さった由である。そのように申して参った。

(45-11)

〃이전에 호우슈우 님에게 타다자에몬이 찾아가, 요시자 님에게
말씀드린 일에 관한 것입니다. 죽도에 일본인은 건너가지 않도
록 하라고, 그렇게 마쓰타이라 호우키노카미 님에게는 전해주신
것입니까. [아직 답변이 없어 이쪽에서는] 불안하게 생각하고 있
습니다 라고 [그렇게] 어제, 요시자 님에게 편지를 보내 [이 내용
의] 질문을 해두었다. 그러자 오늘 [이쪽에] 답변을 해왔다. 그것
에 의하면 호우키노카미 님의 당번들을 분고노카미 님의 저택으
로 불러 [위의 일을] 전달하셨다 한다. 그렇게 답변해왔다.

185

註1、鈴木権平は前回(因幡への通詞派遣に先立ち江戸へ派遣された)の江戸行きに比し、今回はゆっくりとした旅の行程である。前回の早足の旅も、今回のゆっくりの旅も、ともに宗義真の命令による。今回は、朝鮮の訳官に竹島渡海の禁止を伝えた事を、改めて公儀へ連絡する役目となったが、この折、阿部豊後守を介し鳥取藩へ竹島渡海禁止を伝えてもらう事も、その役割の中に入っている。旅を急げば、その分、早く鳥取藩に伝わってしまう。宗義真にすれば、できるだけ遅く鳥取藩に伝わって欲しかった。この竹島渡海禁止令が対馬の側から朝鮮に伝わるべきで、鳥取の方から朝鮮に伝わって欲しくなかった。それゆえ江戸行きの使者を、意図的に遅延させたのである。だが年内に伝えておかなければならない。それゆえ十二月の権平の江戸到着であった。そこから鳥取藩に伝えられても、真冬の海では、密かな朝鮮との交流など有る筈もない。対馬から訳官に伝達したものが先に伝わる。そのような宗義真の計算があった。だが、その禁止令を伝えた朝鮮の訳官は、まだ対馬に留まっている。彼らが帰国するのは翌年の一月十日のことである。彼らの帰国によって、初めて竹島渡海禁令は朝鮮に伝わる。だからそれは翌元禄十年という事になる。だが鳥取からは、すでに安竜福を介し、この竹島渡海禁令が元禄九年には朝鮮へ伝えられていた。その可能性は大いにある。

주 1. 스즈키 곤페이는 전회(이나바에 통사를 파견하기에 앞서 먼

저 에도에 파견된)의 에도행에 비해, 이번은 여유로운 일정
이다. 전회의 분주한 여행도 이번의 여유로운 여행도 모두
소우 요시자네의 명령에 의한 것이다. 이번에는 조선 역관에
게 죽도도해금지를 전했다는 사실을 다시 장군에게 연락하
는 역할이었으나, 이때 아베 분고노카미 님을 중개로 톳토리
한에 죽도도해금지를 전하는 것도 그 역할에 포함되어 있었
다. 여행을 서두르면 그만큼 빨리 톳토리한에 전해지고 만다.
소우 요시자네는 될 수 있는 한 천천히 톳토리한에 전해지기
를 바랐다. 이 죽도도해금지령은 쓰시마 측이 조선에 전해야
하는 것으로, 톳토리 쪽에서 조선에 알려지는 것을 바라지
않았다. 때문에 에도행 사자를 의도적으로 지연시킨 것이다.
그러나 연내에 전해두지 않으면 안 된다. 그래서 12월에 곤
페이가 에도에 도착한 것이다. 그곳에서 톳토리한에 전해져
도, 한 겨울 해중에서 비밀스러운 조선과의 교류 등이 행해
질 리가 없다. 쓰시마에서 역관에게 전달한 것이 먼저 전해
진다. 그 같은 소우 요시자네의 계산이었다. 그러나 그 금지
령을 전달받은 조선의 역관은 아직 쓰시마에 머물고 있다.
그들이 귀국하는 것은 다음 해 1월 10일이다. 그들의 귀국으
로 비로소 죽도 도해금지가 조선에 전해진다. 그러므로 그것
은 겐로쿠 10년이 되는 것이다. 그러나 톳토리에서는 안용복
을 통해 죽도도해금지령이 겐로쿠 9년에 조선에 전해졌다.
그 가능성은 매우 크다.

註2、鳥取藩への伝達は実際には、この十月十九日以前になされて

いる。鳥取藩から米子町人(大谷と村川)への伝達自体、八月一日になされている。藩主の池田綱清に竹島渡海禁止が命じられたのは、対馬への伝達と同日の一月二十八日の事である。池田綱清が六月晦日、江戸を発ち国元へ向かうが、この時すでに国元年寄たちは、この日本人の竹嶋渡海禁令について承知している。それを安竜福との対談の折、彼に語った可能性がある。

주 2. 톳토리한에 실제로 전달된 것은 10월 19일 이전이었다. 톳토리한에서 요나고 정인(오오야와 무라카와)에게 전달된 것은 8월 1일이었다. 이케다 쓰나키요가 6월 그믐에 에도를 떠나 국원으로 향했으나, 이때 이미 국원의 가로들은 일본인의 죽도도해금지령에 대해 알고 있었다. 그것을 안용복과의 대화 시, 그에게 이야기했을 가능성이 있다.

○

【大綱四六段(元祿十年正月)】

(46-00)

○ 丁丑元祿十年渡海訳官卞同知宋判事帰国裁判高勢八右衛門を以
護送被仰付則竹嶋謝書被差渡候様ニ与之儀裁判より催促仕候様ニ
被仰渡也

【大綱四六段(元祿十年正月)】

(46-00)

○ 元祿十年、丁丑の年、渡海の訳官の卞同知と宋判事とが帰国した。
裁判の高勢八右衛門に「彼らを」護送するよう御命令があった。竹
嶋の事についての謝書を直ちに[こちらに]差し渡す様にと、その
事を裁判から両訳官へ催促するよう[これまた]御命令があった。

【대강 46단(겐로쿠 10년 정월)】

(46-00)

○ 겐로쿠 10년 정축년에 도해한 역관 변 동지와 송 판사가 귀국
했다. 재판 타카세 하치에몬에게 [그들을] 호송하라는 명령이
있었다. 죽도의 일에 대한 감사서를 즉시 [이쪽에] 보내라고, 그
일을 재판이 양 역관에게 재촉하도록 [또다시] 명령이 있었다.

正月十日　謹啓春寒仍網鮮□□

(46-01)

〃正月十日訳官両使朝鮮江帰着

(46-01)

〃正月十日、訳官の両使が朝鮮へ帰着した。

(46-01)

〃정월 10일, 역관 양사가 조선에 귀착했다.

(46-02)

〃同月廿二日副特送使封進宴席跡にて東萊^江八右衛門致対面竹嶋
御礼之書簡早速被相渡候様ニ与申入候所東萊返答ニ竹嶋之儀誠信
とハ乍申結構ニ罷成珎重之御事候就夫御礼之書簡之儀被仰聞御尤
存候乍然朝廷方何分ニ可被存候哉難斗存候然共ヶ様ニ首尾能罷成
候上ハ別条有之間敷事与存候冝様致注進追而御返答可申入之由
被申聞

(46-02)

〃同月二十二日、副特送使(年例送使として認められた歳遣船)^(註1)
が[派遣され、その]封進宴席があった。その宴席の後に東萊府使
と八右衛門とが対面した。竹嶋の事について御礼の書簡を早速
[こちらに]お渡しになる様[八右衛門が]申し入れた。すると東萊
府使の返答では、竹嶋の事については[両国の間の]誠信による事
とは申しながら、結構に落着し、珍重の御事と存じます。それ
に就いて御礼の書簡をお渡しするよう[こうして]お申し出をいた
だきました。御尤もに存じます。然しながら朝廷方は、どのよ
うに思っているか[それについては]斗り難い処がございます。然
し、このように首尾能く落着した上は、格別な[支障が]有るわけ
はなく、宜しい様に[都に]注進を致しますので、追って御返答を
申し入れますと、そのように申してきた。

(46-02)

〃 동월 22일, 부특송사(연례송사로 인정된 세견선)가 [파견되어 그] 봉진 연석이 있었다. 그 연석 후에 동래부사와 하치에몬이 대면 했다. 죽도 일에 대한 감사 서간을 서둘러 [이쪽에] 건네주실 것 을 [하치에몬이] 요구했다. 그러자 동래부사의 반답은 죽도의 일 에 대해서는 [양국 간의] 성신으로 원만하게 해결되어, 진중한 일이라고 생각합니다. 그에 대한 감사 서간을 보내도록 [이렇게] 요구하셨습니다. 당연하다고 생각합니다. 그러나 조정 측은 어떻 게 생각하고 있는지 [그에 대해서는] 헤아리기 어려운 것이 있습 니다. 그러나 이렇게 원만하게 낙착된 이상, 특별한 [지장이] 있 는 것은 아니므로 잘 해결되도록 [도성에] 주진하여 추후 답변드 리겠습니다 라고, 그렇게 전해왔다.

(46-03)

〃同月廿四日卜同知宋判事東莱発足ニ付其前入館いたし候故裁判高勢八右衛門対面竹嶋之儀ニ付御礼之書簡弥肝入

(46-03)

〃同月二十四日、卜同知と宋判事が[いよいよ]東莱府を出発[し都へ帰る]ので、其の前に[挨拶のため草梁和館に]入館してきた。裁判の高勢八右衛門が対面し[以下のような事を申し述べた。すなわち]竹嶋の事に付いて、御礼の書簡を、いよいよ周旋していただきたい。

(46-03)

〃동월 24일, 변 동지와 송 판사가 [드디어] 동래부를 출발[하여 도성으로 돌아]가므로, 그 전에 [인사차 초량왜관에] 입관해왔다. 재판 타카세 하치에몬이 대면하고 [이하와 같은 일을 이야기했다. 즉] 죽도의 일에 대한 감사 서간을 잘 주선해주었으면 합니다.

早々東莱迄被差下候者写を請取対州江差越悪敷所も候者何時も直シ被
下候様ニ与東莱江可申談候宜書簡ニ候者請取帰国可致候由申聞候処ト同
知申候者書簡之儀東莱迄可被差下候哉又ハ首訳之者持下可申候哉朝
廷方何程ニ被存候儀難斗由申候ニ付八右衛門挨拶仕候者今度之儀者貴
国之御為ニ者結構成首尾共ニ候間御礼之御書簡常之

[都から]早々に東莱まで[書簡]が差し下されたならば、その写しを受
け取り[直ぐにも]対州へ差し渡す[積もりである。その折]悪敷き所が
あるなら何時でもお直し下さるよう、東莱府使へも[その周旋を]申し
上げて置いていただきたい。宜しい書簡であれば、それを受け取り
[拙者は早々に]御帰国を致したいと思う。このように話し掛けた。す
るとト同知が申すには、書簡の事は、東莱まで差し下って来るかど
うか分かりません。あるいは首訳の者が[直接]持ち下って来る事もご
ざいます。朝廷方が[この件に関し]どのように思っているのか[私ど
もでは]斗り難い処がございます。[そのように応えるので]八右衛門
が[それに対し]今度の事は、貴国の為には結構な首尾に収まった。そ
れゆえ御礼の御書簡が、平常

[도성에서] 빨리 동래에 [서간이] 내려오면 그 사본을 수취해 [바로]
타이슈우에게 전달할 [생각입니다. 그때] 좋지 않은 부분이 있으면 언
제든지 수정해주시도록, 동래부사에게도 [그 주선을] 말씀드려두었으
면 합니다. 좋은 서간이라면 그것을 수취해 [졸자는 서둘러] 귀국할
생각입니다. 이렇게 전했다. 그러자 변 동지가 말하기를, 서간의 일은
동래까지 내려올지 어떨지 알 수 없습니다. 어쩌면 수역이 [직접] 가

지고 내려올 수도 있습니다. 조정 측이 [이 건에 관해] 어떻게 생각하고 있는지 [우리들로서는] 헤아리기 어려운 것이 있습니다. [그렇게 답하였기 때문에] 하치에몬이 [그에 대해] 이번 일은 귀국을 위해서는 좋은 결론이 되었다. 그러므로 감사 서간이 통상

通ニ者被差下間敷候首訳なと持下様子ニ候者若対州ニ訳官を以書簡被差
渡儀抔有之間敷候哉訳官対州ニ罷渡候儀者各存之様六ヶ敷事ニ候得共
御役儀与申其上今度之儀者各別之事ニ候訳官を以書簡被差渡候得者貴
国之御首尾者冝可有之与被存候如何様朝廷方御了簡可有之旨申達ﾉﾚ

通りの[伝達文書程度で]差し下されるような事は[よもや]有る筈は無
かろう。[結構な感謝の文言が、ここに書き記される事と思う。]しか
し首訳などが持ち下るという様子であれば、もしや対州へ訳官を以
て[礼を尽くして]書簡を差し渡すような事[に成るのであろうか。い
や、やはりそのような事は]有る筈は無い。訳官が[わざわざ]対州へ
罷り渡るような事は、各々も御存じの様に[それなりの儀礼のある場
合の事で、今回のような場合は]難しい事である。だが御役儀として
も必要な事であり、其の上、今度の事は各別の事でもある。もし訳
官を以て書簡を[対馬に]差し渡されるような事になれば、貴国の御首
尾は[極めて]宜しいと、そのような評価を[日本から]得られることに
なろう。さて、どのように朝廷方は御考えになられるのであろう
か。このような趣旨を申し伝えた。

대로의 [전달문서 정도로] 내려오는 일은 [설마] 있을 리가 없을 것이
다. [훌륭한 감사 문언이 이곳에 기록될 것이라고 생각한다.] 그러나
수역 등이 가지고 오는 정도라면 어쩌면 타이슈우에 역관을 보내 [예
의를 다하여] 서간을 전하는 일[이 되는 것인가. 아니, 역시 그 같은
일은] 있을 리가 없다. 역관이 [일부러] 타이슈우에 건너가는 일은 우
리가 주지하듯이 [그 나름대로의 의례가 있는 경우로, 이번과 같은

경우는] 어려운 일이다. 그러나 임무상 필요한 일이고 게다가 이번 일은 각별한 일이기도 하다. 만일 역관을 보내 서간을 [타이슈우에게] 전하게 되면 귀국의 일 처리가 [아주] 좋다고, 그러한 평가를 [일본으로부터] 받게 될 것이다. 그런데 조정은 어떻게 생각하고 있는가. 이같은 취지를 전했다.

(46-04)

〃館守内野権兵衛裁判高勢八右衛門方𝄐杉村采女平田直右衛門方より遣候二月九日返書之略左𝄐記之

(46-04)

〃館守の内野権兵衛と裁判の高勢八右衛門方へ[宛てた]杉村采女、平田直右衛門方から差し遣わした二月九日付けの返書がある。この略を左に記す。

(46-04)

〃관수 우치노 곤베에와 재판 타카세 하치에몬에게 스기무라 우네메와 히라타 나오에몬 측이 보낸 2월 9일부의 답서가 있다. 이 개략을 아래에 기록한다.

〟与左衛門殿被請取置候書簡渡海之訳官発足前被差返候様ニ申達置
候付而則訓導館守屋江召寄委細被申達候処訓導申候者御尤存候乍
然東莱何分ニ可被存候哉難斗候間先東莱江相尋候而返答可申入之
由ニ而罷帰候翌日致入館申聞候者東莱斗ニ而も了簡難成候間都ニ
致注進候間重而可致返答候就夫右之

〟与左衛門殿が[かつて]受け取り置かれ[そちらの和館に留め置か
れていた]書翰を、渡海の訳官が[東莱を]発足する前に[朝鮮側に]
差し返されるよう[この度]申し達して置いた。それに付いて[そ
ちらからの返事は、以下のようなものであった。すなわち]直ち
に訓導を館守屋へ召し寄せ、委細を申し達された処、訓導が申
すには、御尤もに存じます。然し乍ら、東莱府使は、どのよう
にお考えになられるのでしょうか。予想が付きません。それゆ
え先ずは東莱府使へ[この差し返しの事を]相尋ね[その上で]御返
答を申し入れたいと思います。そのように申して帰っていっ
た。翌日[この訓導が]入館し、申し伝えて来た事は、東莱府使で
も思案が付かず、都へ注進を致し[伺いを立て]それによって再度
返答を致したいと言うものであった。それによって右の

〟요자에몬 님이 [이전에] 수취해서 [그쪽 왜관에 유치해두었던]
서한을, 도해한 역관이 [동래를] 출발하기 전에 [조선 측에] 돌려
주도록 [이번에] 말해두었다. 그에 대한 [그쪽의 답변은 이하와
같은 것이었다. 즉] 바로 훈도를 관수옥에 불러 자세히 이야기하
자 훈도가 말하기를, 당연하다고 생각합니다. 그러나 동래부사는

어떻게 생각하실지 예상할 수 없습니다. 그래서 먼저 동래부사에게 [돌려준 일을] 묻고 [그 후에] 답변드리고 싶습니다. 그렇게 말하고 돌아갔다. 다음 날 [이 훈도가] 입관하여 전한 일은, 동래부사도 판단할 수 없어 도성에 주진하여 [지시받으면] 그에 따라 다시 답변하고 싶다는 것이었다. 그에 따라 위의

209

返簡請取申首尾ニ候ハヽ、与左衛門殿持渡之書簡其時分何角与申候得共
是非与御座候付請取其侭東莱ニ召置于今有之候間若此書翰差返候様ニ
可申参候左様候者請取可申哉与申候付各返答之様子紙面之通尤存候
公儀より御差図而被仰遣たる事ニ候得者彼ニ請取可申様も無之役方
より之書簡者 公儀ニ不被仰上候而首尾能相済申たる事ニ候故

返簡を[東莱府使が]受け取るかどうか、その首尾が決まるのだと言
う。与左衛門殿の持ち渡りの書翰を、その時分は、何かと[受け取れ
ない、差し返す]などと[あちらへ]申していたが、是非にと言う事で
[結局]受け取り置き、其の侭、東莱へ[返す事なく和館に]召し置いて
いた。今もこれは[和館に]有るという事である。それゆえ、もし此の
書翰を[この度、どうしても]差し返すと、その様に[あちらに]申した
ならば[果たして、あちらは]受け取るであろうか。そのように[こち
らから]申す事に付いて、その各々の返答の様子は[そちらからの]紙
面の通りで[こちらでは]尤に思うところである。公儀からの御差図で
[こちらも、ただ]申し入れをしているだけの事で[本来]あちらが受け
取るようなものでは無い。[朝鮮]役方[の対馬を経由するこの]書翰は
[今回こちらの采配で]公儀へ報告を上げなかった。それゆえ[無礼な
文言が届かず]首尾能く済んだのである。

반한을 [동래부사가] 수취할 것인지 안 할 것인지, 그 결과가 결정된
다고 한다. 요자에몬 님이 가지고 간 서한을 그때는 아무래도 [수취
할 수 없다, 돌려보내겠다] 라고 [저쪽에] 전했지만 부디라고 말했기
때문에 [결국] 수취하여, 그대로 동래에 [돌려보내는 일 없이 왜관에]

놓아두었다. 지금도 이것은 [왜관에] 있다는 것이다. 때문에 만일 이 서한을 [이번에 어떻게든] 돌려준다고, 그렇게 [저쪽에] 전한다면 [과연 저쪽은] 수취할 것인가. 그렇게 [이쪽에서] 말하는 것에 대해 그 각각의 답변은 [그쪽의] 지면대로 [이쪽에서는] 당연하다고 생각하는 바이다. 장군의 지시로 [이쪽도 단지] 요구하고 있을 뿐 [원래] 저쪽이 수취할 일은 아니다. [조선]역을 맡은 [쓰시마를 경유하는 이] 서한은 [이번에는 이쪽의 판단으로] 장군에게 보고하지 않았다. 그래서 [무례한 문언이 전해지지 않아] 좋은 결과가 된 것이다.

此方㆓請取可申筈㆓無之此方請取申首尾㆓候者又々 公儀㆓茂不被仰上候
而不叶事候左候而者事若ひへ申候而此上如何様㆓可成行も難斗候故朝
鮮国之為㆓も預置候返簡無沙汰㆓被請取方可然候間此分具㆓可被申渡候
定而別条有之間敷与存候

　[それゆえ、いまさら]こちらが受け取るようなものでは無い。こち
らが受け取る事になれば、又々公儀へも報告しなければ叶わぬ事に
なる。そうなっては[今回の]事が、もしや冷えて[壊れて]しまうよう
な事態も起こりうる。そうなっては、此の上どのように成り行く
か、斗り難い処がある。それゆえ朝鮮国の為にも、預け置いた返翰
を不注意に[こちらが]受け取っては、当然そうなるので、此の分を具
に[あちらに]申し渡すべきである。[この書翰は、和館に預け置き、
そのまま握り潰しに致し置いて、埋もれさせてしまうのが善いのか
もしれない。そのようにして]おそらく別条無い事であろう。

　[그렇기 때문에 지금 새삼스럽게] 이쪽이 수취할 일은 아니다. 이
쪽이 수취하게 되면 다시 장군에게 보고하지 않으면 안 된다. 그렇게
되면 [이번] 일이 어쩌면 냉각되어 [파탄]되고 마는 사태가 될 수도
있다. 그렇게 되면 이후에 어떻게 될 것인지 예측하기 어려운 점이
있다. 때문에 조선국을 위해서도 맡겨두었던 반한을 부주의하게 [이
쪽이] 수취하게 되면 당연히 그렇게 되기 때문에, 이 점을 자세히 [저
쪽에] 전해야 한다. [이 서한은 왜관에 놓아둔 채 그대로 묵살해버리
는 것이 좋을지도 모른다. 그렇게 해도] 문제없을 것이다.

但従儀...

(46-05)

但往復書狀連続不仕候故此書狀之略斗記置之

(46-05)

但し[この後の]往復の書狀が連続していないので[どう決着したの
かは不明である。]此の書狀の概略ばかりを、こうして記して置く。

(46-05)

단, [이후] 왕복 서장이 계속되지 않았기 때문에 [어떻게 결착되었
는지는 불분명하다.] 이 서장의 개략만을 이렇게 기록해둔다.

(46-06)

〃館守裁判方より御国家老中江来候四月廿一日之書状之略左記之

(46-06)

〃館守および裁判方から御国の家老中へ宛てた、四月二十一日付けの書状がある。この略を左に記す。

(46-06)

〃관수 및 재판 쪽에서 나라의 가로들에게 보낸 4월 21일부의 서장이다. 이 개략을 아래에 기록한다.

〃竹嶋之儀ニ付御礼之書簡于今下着不仕候依之判事方者不及申東莱
　江毎度致催促都ニ注進為仕候近日可参由被申候得共爰元之儀ニ候
　得者段々相延申候頃日ニ至而ハ致日切当月廿五六日両日内御書簡
　着可仕由請合申候定而此日取之内下着可仕与相待居申候若此上ニ
　相違御座候ハヽ東莱江致対面委細可申談候

〃竹嶋の事に付いて、御礼の書簡が、只今まで下着していない。
　これに依って判事方へは申すに及ばず、東莱[府使]へまでも、毎
　度のようにして催促を致している。[しっかりと]都へ注進するよ
　う促しており、近日には参るであろうと申されるが[どうなるか
　分からない。]こちらは[朝鮮]の事でもあり[その習慣通り]色々と
　延引ばかりが起こる。最近は日を切る事を致し[催促をしてい
　る。]当月二十五、六日の両日の内には、御書簡が下着するであ
　ろうと、そのように[あちらは]承け合っている。おそらく此の日
　取りの内には、下着する事と[こちらも]相待って居るところであ
　る。もし此の上に[なお日取り]間違いがあれば、東莱府使へ対面
　を致し、委細を申し入れる積もりである。

〃죽도의 일에 대한 감사 서한이 지금까지 내려오지 않았다. 이에
　따라 판사 측에 보고할 일도 없어, 동래[부사]에게 매일처럼 재
　촉하고 있다. [분명] 도성에 주진하도록 재촉하고 있어, 근일 중
　에 올 것이라 말하지만 [어떻게 될지 모른다.] 이쪽은 [조선]의
　일이기도 해서 [그 습관대로] 여러 가지로 연기되기만 한다. 최
　근에는 기한을 정하고 [재촉하고 있다.] 당월 25, 6일 양일 중으

로 서간이 내려올 것이라고 그렇게 [저쪽에서는] 단언하고 있다. 아마도 이날 중에는 도착할 것이라고 [이쪽도] 기다리고 있다. 만일 이 이상 [일정에] 차질이 생기면, 동래부사를 대면하고 자세한 것을 요구할 생각이다.

註1、 もともとは柳川送使といわれた歳遣船で、朝鮮交渉担当の家老である柳川調信の菩提のため、元和八年(一六二二)年例送使として認められた。だが柳川一件の後は、副特送使と名称を替え、藩主直轄の歳遣船となる。なお己酉約条による年例送使は、以下のものがある。①国王使、②島主送使(特送使、歳遣送使)、③副特送使、④万松院送使、⑤流芳院送使、⑥以酊庵送使、⑦彦三送使。

주 1. 본래 야나가와 송사라고 불리는 세견선으로, 조선교역을 담당하는 가로인 야나가와 시게오키의 보대를 위해 겐나 8(1622)년에 연례송사로 인정되었다. 그러나 야나가와 일건 후에는 부특송선사라고 개칭하여, 번주가 직할하는 세견선이 되었다. 단, 기유약조에 의한 연례송사는 이하와 같다. ① 국왕사, ② 도주송사(특송사, 세견선), ③ 부특송사, ④ 반쇼우인송사, ⑤ 류우호우인송사, ⑥ 이테이안송사, ⑦ 히코사송사

○日十年四月六七ら竹島へ渡り候に付御書付とも
御尋ねに付委細申上候処直訴入候書付相渡候處
掛合仕之

【大綱四七段(元祿十年四月)】

(47-00)

○ 同十年四月廿七日竹島之儀ニ付謝礼之書簡東莱ニ下り来候由ニ而両
訳入館書簡之写持参仕也

【大綱四七段(元祿十年四月)】

(47-00)

○ 同十年四月二十七日、竹島の事に付いて、謝礼の書簡が東莱府へ
下って来た。[訓導と別差の]両訳官が[草梁和館に]入館し、そ
の書簡の写しを持参して来た。

【대강 47단(겐로쿠 10년 4월)】

(47-00)

○ 동 10년 4월 27일, 죽도에 대해 예를 표하는 서간이 동래에 내
려왔다. [훈도와 별차] 양 역관이 [초량왜관에] 입관하여, 그 서
간의 사본을 지참해왔다.

被害からまもなく写た絵

(47-01)

〃礼曹より之書簡之写左記之

(47-01)

〃礼曹からの書簡の写しを左に記す。

(47-01)

〃예조에서 보낸 서간의 사본을 아래에 기록한다.

朝鮮國禮曹參議朴　世熺　奉書

日本國對馬州刊部大輔拾遺平公　閤下

天府向熱緬惟

動靜珎毖爲慰無已須問譯使回首

貴州得接

貴州諸奉行文字備悉奉折 在批貴島之爲我地與

圖所載文跡昭然無論彼遠此近疆界自別

朝鮮国礼曹参議朴世騰奉㆑書㆓日本国対馬州刑部大輔拾遺平公㆒閣下㆓天時向㆑熟緬惟㆓動静珎祉饗慰無㆑已コトヲ頃囙テ㆑訳使ノ回ルㆍ上㆑自リ㆓貴州㆓得㆑接スルコトヲ㆓貴州諸奉行ノ文字㆓備㆓悉ス㆓委折ヲ矣欝島ノ之為㆓我カ地㆓興図㆓所㆑載スル文跡昭然トシテ無シ㆑論スルコト㆓彼㆓遠ク此㆓近キコトヲ㆓疆界自ラ別ル

謝礼の書簡

[真文]

朝鮮国礼曹参議朴世騰奉書日本国対馬州刑部大輔拾遺平公閣下天
時向熟緬惟動静珎祉饗慰無已頃囙訳使回自貴州得接貴州諸奉行文字
備悉委折矣欝島之為我地興図所載文跡昭然無論彼遠此近疆界自別

[読み下し文]

　朝鮮国礼曹参議の朴世騰、日本国対馬州刑部大輔拾遺の平公閣下
に書を奉る。天の時は熟に向う。緬に惟るに動静は珎祉、饗慰は已
むこと無し。頃は訳使の貴州より回るに因りて、貴州諸奉行の文字
に接することを得、備に委折を悉す。欝島の我が地と為すは、興図
に載する所、文跡昭然として、彼に遠く此に近きこと、論ずること
無し。疆界自ら別る。

[現代語訳]

　朝鮮国の礼曹参議、朴世騰が、日本国対馬州の刑部大輔で拾遺[の
称号を持つ]平公閣下に書を奉る。天の時は熟成に向い、遥かに[人の
世を]思えば動静は珎祉(めでたく慎み)饗慰(いたわりを受ける事)は已

むことが無い。[まことに結構な事である。]さて近頃、訳使が貴州から帰還したことで、貴州の諸奉行から[お申し出の]文字(書状)[をいただき]接することがあった。つぶさに委折(こまごまとした折れ曲がり)を悉く[つまびらかにすれば]欝陵嶋が我が土地であると言うのは興地図(天下の地図)に載る所で、その文跡は昭然(明らか)である^(註1)。彼[の日本]に遠く、此[の朝鮮]に近く、そのことは[わざわざ]論ずるまでも無い事である。[その海域の]疆界は、おのずから[自他として]別れている。

조선국 예조참의 박세전이 일본국 쓰시마 교우부 타이후 습유 [칭호를 가진] 타이라 공 각하에게 글을 올린다. 때는 가을을 향하고 [그간의] 동정을 생각해보면 삼가 위로의 마음이 그칠 길이 없다. 최근 역사가 귀주에서 돌아와, 귀주의 여러 봉행의 서장을 보고 경과를 자세히 알 수 있었다. 울릉도가 우리 영토라는 사실은 지도에 실려 있고 글에도 분명히 나와 있어 그 문적은 분명하다. 울릉도가 [그쪽에서] 멀고 이쪽에서 가깝다는 사실은 [일부러] 언급할 것도 없는 일이다. [그 해역]의 경계는 저절로 구분되는 것이다.

貴州始雖

錯認終能

穀後自今以後惟當不答既往毋容爲好耳

貴國下令永不許人往漁採

書示丁寧可保久遠之之無他甚善甚善我

國所以處之者別轄附島雖是我地分社官吏以時

檢嚴察兩地人之穀雜其在防微慮患之道誠不可

忽何徒

貴州始メ雖ヘトモ二錯リ認ヘ二終二能ク敦復ス自レ今以後惟当ニ、ヒト不レ咎メ二既徃ヲ二毋ル上替フコト二旧好ニ耳ノミ貴国下シテレ令ヲ永ク不レ許サ二人ノ徃テ漁採スルコトヲ二書示丁寧可キノレ保ツ二久遠ヲ二之無キ二他甚善シ甚善シ我カ国所二以ノ処スル二レ之者ハ則チ欝島自カラ是レ我地ナリ分二付シテ官吏ニ以テレ時ヲ巡検シ厳ニ察シ二両地ノ人ノ之殽雑ヲ二其ノ在テ二防キレ微ヲ慮ルレ患ヲ之道ニ二誠ニ不レ可ラレ忽ニス何ヲ待シヤ二

[真文]
貴州始雖錯認終能敦復自レ今以後惟当不咎既徃毋替旧好二耳貴国下
令永不許人徃漁採書示丁寧可保久遠之無他甚善甚善我国所以処之者
則欝島自是我地分付官吏以時巡検厳察両地人之殽雑其在防微慮患之
道誠不可忽何待

[現代語訳]
貴州始め錯り認むと雖も、終に能く敦復す。今より以後、惟うに当に既徃を咎めず、旧好に替えること毋るべきのみ。貴国、令を下して、永く人の徃きて漁採することを許さず。書示丁寧、久遠を保つべきの他無く、甚だ善く甚だ善し。我が国、これに処する所以について者、則ち欝島自から是れ我が地なり。官吏に分付して時を以て巡検し、両地の人の殽雑を厳察し、其の微を防ぎ、患を慮るの道に在りて、誠に忽にすべからず。

[読み下し文]
貴州は始め[この事実を]錯誤して[文章に]したためていたが、終に

229

は充分、手厚く[これを]修復した。今より以後、惟うところであるが、既に行っていた[島への]往来を咎めるものではない。[また、これによって]旧くからの[両国の]友好関係が後退するような事があってはならない。貴国が法令を下し[今後]永く[貴国の]人が往来し漁採することを許さない事を[こちらに]書示して下さった。この丁寧[な対応によって、両国の友好関係]は久遠を保つ事になった。その他[紛争を招くような事は、もはや一切]無くなっている。それゆえ甚だ善い事である。[これは実に]甚だ善い事である。我が国が、このような事に対処する理由は、とりもなおさず欝陵嶋が、当然ながら我が国の土地だからである^(註2)。[それゆえ]官吏に[命じ]分け付して、定期的に島を巡検し、両地(両国)の人の殽雑(入り交じり)を厳しく監視し、其の[者どもの]微(隠れ逃れる事)を[是非]防ぐべきと考えている。このような災患を考慮しなければならぬ海路に在って、誠に[その巡検監視の業務は]粗忽に扱うべきものではない。それゆえ、どうしてそのような

　귀주는 처음 [이 사실을] 착오하여 [문장을] 기록하였으나, 결과적으로 충분히 성의있게 [이것을] 수복했다. 금후를 생각하여 이미 행해진 [섬으로의] 왕래를 탓하지는 않겠다. [또 이것으로] 예부터의 [양국의] 우호 관계가 후퇴되는 일이 있어서는 안 된다. 귀국이 법령을 내려 [이후] 영원히 [귀국] 사람이 왕래하여 어채하는 일을 허가하지 않는다는 것을 [이쪽에] 기록해주셨다. 이 정중[한 대응으로 양국의 우호 관계]는 영원할 것이다. 그 외에 [분쟁을 초래할 일은 이제 전혀] 없을 것이다. 그러므로 매우 좋은 일이다. [이것은 실로] 매우 좋은 일이다. 우리나라가 이같은 일에 대처하는 이유는 단적으로 말해 울릉도가 당연히 우리나라의 토지이기 때문이다. [때문에] 관리에게 [명해] 정기적으로 섬을 순찰하여 양지(양국) 사람이 어울리는 일을 엄중히 감시하고, 그 [자들이] 도망쳐 숨는 일을 [어떻게든] 방지해야 한다고 생각하고 있다. 이러한 우환을 생각해야 하는 해로이기 때문에 참으로 [그 순검 감시의 업무는] 소홀히 할 수 없다. 때문에 어째서 그 같은

勸嚼之譯辭戴十年漂泯事演海之人衆以孫排溝

縈飃風炊忽易寃飄盡以至胃越軍滇轉人

貴國豈可以此有所致疑於遵定約而中地路乎表其

呈書誠有妄作之罪故已施幽獨之典以為懲戢之

地另勤泥泪流申明禁令庚蓝稱誠信以全大體更勿

生事於過蘆庸非

彼此之所大願者耶奉行書中有

老使者而告親嚼之云然且無一介村木奉

勤嘱ノ之縷縷ヲ二哉上年漂氓ノ事浜海ノ之人率ヲ以テ二舟楫ヲ一ヲ為レ業ト颶風炎忽
易シテレ及ヒ二瓢盪ニ一以テ至ルト冒レ越レ重溟ヲ転シテ入ルニ二貴国ニ上豈ニ可シヤ二以レ
此ヲ有二ルレ所ヲ致スト上疑ヒ於違ヲレ定約ニ一而由ルニ二中他路ニ上乎若キ二其ノ呈書ノ一
誠ニ有リト二妄作ノ之罪ト一故ニ已ニ施シテ二幽殛ノ之典ヲ一以テ為シ二懲戢ノ之地ト一別ニ
勅シテ二沿海ニ一申明シ二禁令ヲ一矣益々務メテ二誠信ヲ一以テ全シ二大体ヲ一更ニ勿シヘレ
生スルコト二事ヲ於邊疆ニ一庸ヒ非スト二彼此ノ之所ノ一大ニ願フヲ一者ニ耶奉行ノ書中有
リト二老使君面告親嘱スルコトヲ一レ之ヲ云フ然レトモ且ツ無シト二一介ノ行李奉テニ

[真文]

勤嘱之縷縷哉上年漂氓事浜海之人率以舟楫為業颶風炎忽易及瓢盪以
至冒越重溟転入貴国豈可以此有所致疑於違定約而由他路乎若其呈書
誠有妄作之罪故已施幽殛之典以為懲戢之地別勅沿海申明禁令矣益務
誠信以全大体更勿生事於邊疆庸非彼此之所大願者耶奉行書中有老使
君面告親嘱之云然且無一介行李奉

[読み下し文]

何ぞ勤嘱の縷縷を待たんや。上年、漂氓の事、浜海の人率いて舟楫
を以て業と為し、颶風の炎忽、瓢盪に及び易くして、以て重溟を冒
越し、入るに貴国に転じ至る。豈に此を以て疑い、定約に違いて他
路に由るに致す所、有るべけんや。其の呈書のごときは、誠に妄作
の罪有り、故に已に幽殛の典を施して、以て懲戢の地と為す。別に
沿海に勅して禁令を申明し、益々誠信を務めて、以て大体を全う
し、更に事を邊疆に生ずること勿んば、庸いて彼此の大いに願う所

233

の者に非ずや。奉行の書中、老使君の面告、これに親嘱(しんしょく)すること有りと云う。然れども且つ一介の行李、

[現代語訳]

[巡検監視の]勤務を[日本に]委嘱し、その縷縷(こまごま)[の報告]を待つわけがあろうか。[それは、こちらで当然しなければならぬものである。そのような中で]上年(昨年)漂流した賤しい民の事があった。浜海の人を率いて舟楫(水運)を以て業とする者の事である。[彼らの舟は]帆風が突如激しく吹けば、容易に揺れ翻って流されしまう。それゆえ重溟(海域)を冒して越え、貴国に転入してしまった。どうして此のような[賤しい民の]事で[我が国の誠意に]疑いを掛ける事が有るだろうか。定約に相違し[対馬とは違う]他路によって[この賤しい民が渡海を]致してしまったが、其の[ような者どもが、この他路で]書を呈した事は、誠に妄作の罪と言うもので有る。それゆえ既に[こちらでは、この者どもを捕らえ]幽閉している。殛(死刑)の刑罰を施し、懲らしめ[この事についてを]戢(おさめ)ようと[処刑]の地を定めている処である。そして別途、沿海に勅を下し、禁令を以て[海辺の民に境域を冒さぬよう]明確に申し伝えておいた。これによって[日本と朝鮮の両国は]益々誠信[の交わりに]務め、大いなる体制を全う[できるようになるであろう。]更に[言葉を添えて言えば、紛争の]事案が辺境に生じる事の無いよう[この際、互いに配慮]しなければならない。そのような事を、貴国の人たちも、そして我が国の人たちも、大いに願っている所であり、そうで無い筈は無い。[貴国の]奉行の書中に於いても、また老使君(刑部大輔様)の面告に於いても、この事につ

いて親しく言葉を寄せて来ている。然しながら[今回、貴国が法令を下し、島への渡海禁止を決定した事に付いては]わずか一介の使者すら、

[순시 감시의] 업무를 [일본에] 위촉해, 그 자세한 [보고를] 기다리겠는가. [그것은 이쪽에서 당연히 하지 않으면 안 되는 일이다. 그러한 상황에서] 작년에 표류한 천한 백성의 일이 있었다. 해변 사람을 이끌고 하는 수운을 업으로 하는 자의 일이다. [그들의 배는] 범풍이 돌연 심하게 불면 쉽게 흔들리고 뒤집혀 흘러가고 만다. 그래서 해역을 넘어들어가 귀국에 표류하고 말았다. 어찌 그런 [하찮은 백성]의 일로 [우리나라의 성의에] 의심을 가지는 일이 있을 수 있는가. 정약을 어기고 [쓰시마가 아닌] 다른 길로 [이 천한 백성이 도해]하였지만, 그 [같은 자들이 이 다른 길을 통해] 서부를 바친 일은 그야말로 망작의 죄이다. 때문에 이미 [이쪽에서는 이자들을 붙잡아] 유폐하였다. 사형(극)의 형벌을 내려 벌주어 [이 일에 대해] 마무리하기 위해 [처형할] 땅을 정하고 있다. 그리고 별도로 연해에 칙령을 내려, 금령으로 [해변의 인민들이 경역을 범하지 않도록] 명확하게 전달해두었다. 이것으로 [일본과 조선 양국은] 더욱 성신의 [교류에] 노력하여, 확고한 체제를 완성[할 수 있을 것이다.] 또 [덧붙이자면 분쟁의] 사안이 변경에서 생기지 않도록 [이 기회에 서로 배려]하지 않으면 안 된다. 그같은 일을 귀국 사람들도 그리고 우리나라 사람들도 간절히 원하고 있다. 그렇지 않을 리가 없다. [귀국이 보낸] 봉행서에도 또 노사군(교우부 타이후 님)의 서면에도 이 일에 대해 친히 말씀이 있으셨다. 그러나 [이번에 귀국이 법령을 내려, 섬의 도해금지를 결정한 것에 대해서는] 일개 사자에 지나지 않는 자도

尺書以來者似是
貴州深
念舊約不欲規外送差之
意故先此修牘展布多少送于萊館使之轉致執
希々
諒照不宣
丁丑年四月 日
禮曹參議朴 世㷓

尺書ヲ以テ来ル者上似タリト是レ貴州深ク念テ旧約ヲ不ルノレ欲セ規外ニ送ル
コトヲ差之意故ニ先ツ此ニ修ルレ牘ヲ展布シテ多少ヲ送リニ于莱館ニ使
シテムドレ之ヲ転シ致サト統テ希クハ諒炤セヨ不宣

丁丑年四月　日

礼曹叅議朴世膰

[真文]

尺書以来者似是貴州深念旧約不欲規外送差之意故先此修牘展布多少
送于莱館使之転致統希諒炤不宣

丁丑年四月日

礼曹叅議朴 世膰

[読み下し文]

尺書を奉りて、以て来る者無し。足れ貴州深く旧約を念いて、規外
に差を送ることを欲せざるの意に似たり。故に先ず此に牘を修め、
多少を展布して莱館に送り、これを使して転じ致さしめむ。統て希
くば諒炤せよ。不宣

丁丑年四月日

礼曹参議 朴世膰

[現代語訳]

尺書(短い書簡)を奉って渡海して来るような事は無かった。足れは貴
州が深く旧い約条を念頭に置き、その規則に定めた以外、差使を送
るようなことが無いよう[普段から]注意している事と、よく似てい

237

る。それゆえ[今回、知らせを敢えて送って寄越さなかったのであろ
う。こちらは]先ず此に牘(文書)を[作り]修め、多少を展布して、東莱
府の館に送る事にする。ここから使者を遣わし[貴国へ、この]書簡を
送致させようと思う。[意を尽くすには足りないが]統てを希くば諒炤
(了承)していただきたい。不宣(充分には宣べ得ないでおわったが了
解せられたい)。

丁丑年四月日

礼曹参議 朴世牓

척서(짧은 서간)를 받들고 도해해온 적이 없었다. 이것은 귀주가 깊이
구 조약을 염두에 두고, 그 규칙에 정해진 외에 차사를 보내는 일이
없도록 [평소부터] 주의하고 있는 일과 유사하다. 때문에 [이번에 통
지를 일부러 보내지 않았을 것이다. 이쪽은] 우선 이 공문(문서)을
[작성해] 정리하여 다소를 전포하고 동래부의 관소로 보내기로 한다.
이곳에서 사자를 파견하여 [귀국으로 이] 서간을 송치하게 할 생각이
다. [마음을 충분히 나타내지 못했으나] 바라건대 모든 것을 이해해주
셨으면 한다. 부선(충분히 말씀드리지 못했으나 이해해주셨으면 한다).

정축 4월 일

예조참의 박세전

(47-02)

〃館守内野権兵衛裁判高勢八右衛門方より御国家老中㆓四月廿八日
来状之略左㆓記之

(47-02)

〃館守の内野権兵衛と裁判の高勢八右衛門方から御国の家老中
へ、四月二十八日付けの書状が来た。その略を左に記す。

(47-02)

〃관수 우치노 곤베에와 재판 타카세 하치에몬이 나라의 가로들에
게 보낸, 4월 28일부의 서장이 왔다. 그 개략을 아래에 기술한다.

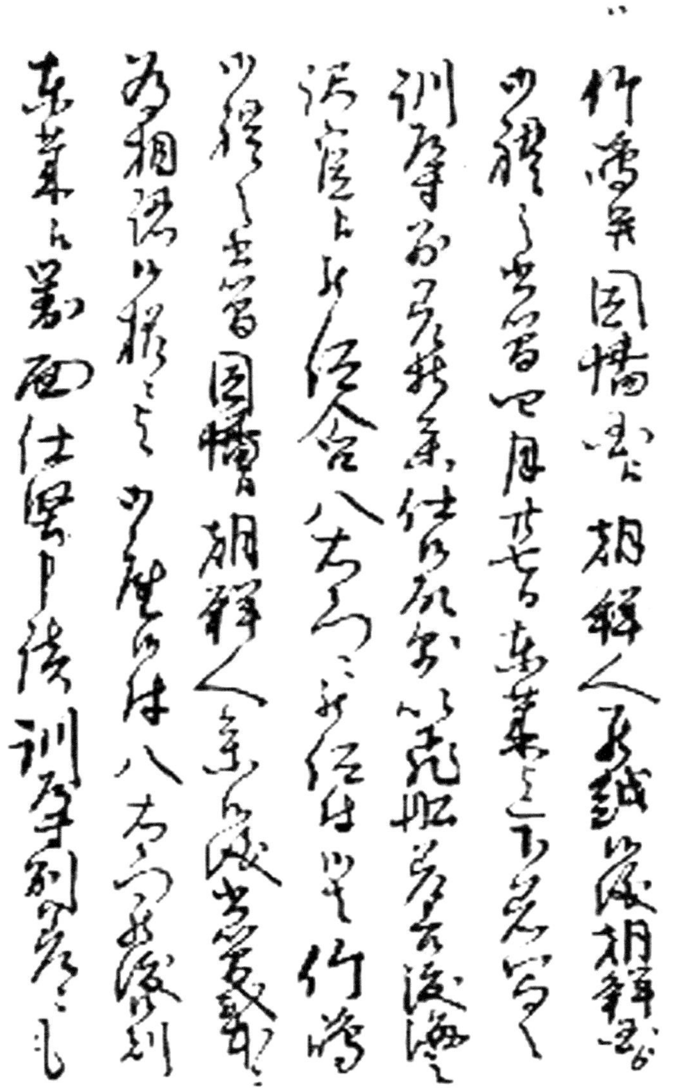

〃竹嶋幷因幡国江朝鮮人罷越候儀朝鮮国より御礼之書簡四月廿七日
東莱迄下着写之訓導別差持参仕候故則以飛船差上候渡海之訳官江
被仰含八右衛門ニ被仰付候者竹嶋御礼之書簡因幡江朝鮮人参候儀
書簡弐本ニ為相認候様ニ与御座候付八右衛門罷渡候刻東莱江対面
仕堅申談訓導別差ニも

〃竹嶋の事、ならびに因幡国へ朝鮮人が罷り越した事について、
朝鮮国から御礼の書簡が四月二十七日に東莱府まで下着した。
この写しを訓導と別差とが持参して来たので、直ちに飛船を以
て[御国へ]これを差し上げる。渡海の訳官(卞同知と宋判事)へ仰
せ含められ、八右衛門に仰せ付けられた事は、竹嶋についての
御礼の書簡、そして因幡へ朝鮮人が参った事への書簡と、その
ように書簡を弐本にして、したためて送る様にとあり、八右衛
門が渡海した頃に、東莱府使に対面して[その旨を]堅く申し入れ
ていた。そして訓導と別差にも、

〃죽도의 일 및 이나바노쿠니에 조선인이 넘어온 일에 대해, 조선
국에서 감사 서간이 4월 27일 동래부에 내려왔다. 이 사본을 훈
도와 별차가 지참해왔기 때문에 즉시 비선으로 [나라에] 이것을
바친다. 도해한 역관(변 동지와 송 판사)에게 요구하고 하치에몬
에게 명령하신 일은 죽도에 대한 감사 서간 그리고 이나바에 조
선인이 온 일에 대한 서간, 그 같은 서간을 2본으로 하여 기록해
보내도록 하라고 해서, 하치에몬이 도해했을 때 동래부사와 대
면하여 [그 뜻을] 강하게 요구했다. 그리고 훈도와 별차에게도

折々申聞候処今度都より之書簡両様を一紙ニ仕参気毒奉存候此段如何
様之儀ニ而一紙被致候哉与相尋候処彼方より申候者前以被入御念被仰
聞候通東莱我々方よりも都ヘ注進仕候得者右両様之儀渡海之訳官江同
時ニ被仰渡於都茂其通申達候故一紙ニ認可然与被存ヶ様ニ認参候由申候
此方より東莱迄申談候者前以申入候通竹嶋一件者刑部大輔殿於江戸
表君命を請帰国被

折々に申し伝えていた。そのような処、今度都からの書簡は、この両
様を一紙にまとめて記し[東莱府へ]送って来た。[東莱府使や訓導別差
には]気の毒ではあるが、此の事は、どのような理由があって一紙に
致したのかと[こちらから]尋ね[問い質した。]すると、あちらから申
した事は、前以て念を入れて伝えられていた通りを、東莱府使および
我々から、都へ注進を致していた。だが右の通り、両様の事は[一紙
にまとめられている。]この事は渡海の訳官からも、同時にお伝え下
さっており、その通りの事を都で[朝廷に]報告してある筈である。だ
が[朝廷はこれを]一紙として当然したためるべきと思われ、そのよう
に御したためなさったのであると、そのように申して来た。こちらか
ら東莱府使まで申し伝えた事は、前以て申し入れておいた通り、竹嶋
の一件は、刑部大輔殿が江戸表に於いて君命を承け、帰国

수시로 요구했다. 그러한 때, 이번에 도성에서 온 서간은 이 두 가지
를 한 장으로 정리해 [동래부로] 보내왔다. [동래부사와 훈도 별차에
게는] 안 된 일이지만, 이 일은 어떤 이유로 한 장으로 했는지 [이쪽
에서] 묻고 [질타했다.] 그러자 저쪽에서 말하기를 전에 누차 말씀하

신 대로 동래부사와 우리들이 도성에 주진하였다. 그러나 위와 같이 두 가지 일은 [한 장으로 정리되어 있다.] 이 일은 도해한 역관도 동시에 전해주셔서 그대로의 일을 도성에서 [조정에] 보고했을 것이다. 그러나 [조정은 이것을] 한 장으로 기록하는 것이 당연하다고 생각하고 그렇게 기록하신 것이라고, 그렇게 전해왔다. 이쪽에서 동래부사에게 전한 것은 이전에 말했듯이, 죽도일건은 교우부 타이후 님이 에도에서 군명을 받고 귀국

仕候其後凶幡ニ朝鮮人参候儀者在国ニ而承之竹嶋之儀与ハ遥為違事ニ候を一紙ニ書載被成候而者書簡　東武ニ被差上候而も相違之儀ニ御座候書簡之写対州ニ差越候共一紙之書簡にてハ難請由可被申与存候先対州ニ差越追而可申達候惣体書簡之内此方より不申進儀を書載被成不宜存候我々

なさったものである。其の後、凶幡へ朝鮮人が参った事は、御国に在ってこれを承ったものである。それゆえ竹嶋の事と[凶幡の事と]は、遥かに相違の有る事である。それを一紙にまとめて書き載せてしまっては、そのような書簡を東武へ差し上げても、相違の有る事で[話の筋道は通らない。それゆえ]書簡の写しを[一応]対州へ送付したのではあるが、一紙[にしたためられた]書簡では、これを受け取る事は難しいと、そのような由を[あちらへ]申し伝えた。先ずは対州へ[写しを]送付し[対馬からの返事を待って]追って[この事を正式に]申し伝えたいと思う。一般的に言えば、書簡の内容に此方から申していない事を、お書き載せに成っては、宜しくないと思う。我々が、

하신 것이다. 그 후, 이나바에 조선인이 온 일은 나라(쓰시마)에 있을 때 들은 일이다. 그래서 죽도의 일과 [이나바의 일]은 크게 다른 일이다. 그것을 한 장으로 정리해 기록해서는 그 같은 서간을 동무에 바쳐도 서로 다른 일로 [일의 이치에 맞지 않는다. 그러므로] 서간의 사본을 [일단] 타이슈우에 송부했으나 한 장[에 기록한] 서간으로는 이를 수취하기 어렵다고, 그 같은 내용을 [저쪽에] 전했다. 일단은 타이슈우에 [사본을] 송부하여 [쓰시마의 답을 기다린 후] 바로 [이 일을 정식으로] 전하고 싶다고 생각한다. 일반적으로 말하자면 서간 내용은 이쪽에서 요구하지 않은 것을 기재해서는 좋지 않다고 생각한다. 우리들이

存候者竹嶋之一件者誠信とハ乍申結構ニ被仰下忝与之儀斗御座候得者
可然事与存候此段も刑部大輔殿何分ニ可被存候哉写を差越候間差図を
請追而可申達由申遣置候

考える所は、竹嶋の一件は[両国]誠信[の道に沿い解決が図られたので
ある。]とは言うものの[朝鮮にとって]結構な決着に至ったのであり
[その事に対しては]忝なく思うべきである。[だが感謝の心の少ない]
この[謝書の]事について、刑部大輔殿は、どのようにお考えになるの
であろうか。[兎も角も]写しを[本国へ]差し渡すので[その本国からの]
差図を承け[その旨を]追って申し伝えると、申し遣わして置いた。

생각하는 바는 죽도일건은 [양국] 성신[의 길에 따라 해결된 것이다.]
라고는 하지만 [조선으로서는] 매우 흡족한 결과로 [그 일에 대해서
는] 황송하게 생각해야 한다. [그러나 감사하는 마음이 적은] 이 [사
서에] 대해 교우부 타이후 님은 어떻게 생각하실 것인가. [어쨌든] 사
본을 [본국에] 보내므로 [본국의] 지시를 받아 [그 뜻을] 바로 전하겠
다고 전해두었다.

〃今度書簡之写庸首座ニ為読敏与承之候処書簡之内我国之欝陵嶋与
御座候儀又貴州始錯与之事諸奉行之文字与御座候所此三ヶ条如
何可被思召上哉与奉存候若我国之欝陵嶋与御座候儀除候様被思
召上候共決而此儀者差除申間敷与奉存候子細者先頃欝陵嶋之文
字を差除候様御使者被差渡候時分も被仰掛候

〃今度[あちらの朝廷から送られて来た]書簡の写しを、庸首座(和
館内に置かれ、書簡を読み解く東向寺の住職)に解読して貰おう
と、この[内容についてを]承った。すると書簡の内に「我国の欝
陵嶋」とある所、また「貴州始め錯り」とある所、そして「諸奉行
の文字」とある所、此の三箇所について[問題があり]どのように
お考えなさるかと[そのような疑問の御返答を]いただいた。もし
我が国の欝陵嶋とある処を[あちらに対し]差し除くよう[伝えた
いと]そのように[こちらが]考えても、決して此の事について[あ
ちらは]差し除くような事は無いであろう(註3)。その子細について
[申せば]先頃、欝陵嶋の文字を差し除く様、御使者を差し渡され
た時にも[この事については]申し出た。

〃이번에 [저쪽 조정에서 보내온] 서간의 사본을 용수좌(왜관 내에
두고, 서간을 읽고 해독하는 동향사의 주직)에게 해독하게 하여
그 [내용에 대한 것을] 들었다. 그러자 서간 내에 '우리나라의 울
릉도'라는 문구, 또 '귀주가 처음에 착각하여'라는 문구, 그리고
'제 봉행의 문자'라는 문구, 이 3개에 대해 [문제가 있어] 어떻게
생각하시는가 라고 [그 같은 의문의 반답을] 받았다. 만일 우리

나라 울릉도라는 문구를 [저쪽에게] 삭제하라고 [전하고 싶다고] 그렇게 [이쪽이] 생각해도, 결코 이 일에 대해 [저쪽은] 삭제하는 일은 없을 것이다. 그 자세한 것에 대해 [말하자면] 지난번 울릉도라는 문자를 삭제하라고 사자를 보냈을 때도 [이 일에 대해서는] 이야기했다.

得共承引無之事候今度之書簡之内我国之欝陵嶋与書入候儀を第一与
存様体ニ候此文字抔差除候様被仰掛候共俄ニ埒明不申剰書簡之内も又
書改弥恰合悪敷様ニ可罷成哉只今之書面ニ而 公儀ヘ被差上不苦事ニ候者
請取之候様ニ可仕候哉委細之儀以飛船御差図奉待候

だが[あちらが]承引するような事は無かった。今度の書簡の内に、我
が国の欝陵嶋と書き入れた事を[あちらは]第一[の優先事項]と承知
し、この様に[書簡を]したためている事であろう。[それゆえ]此の文
字を差し除くよう[あちらに]申し入れても[この件に関しては]俄には
解決しない。むしろ書簡の内容も又、書き改められ、いよいよ不都
合な[書簡に]成って行く事であろう。現在の書面で公儀へ差し上げて
も悪くはないので、これを受け取る様にしては如何であろうか。委
細については飛船を以て御差図をお待ち申し上げる。

그러나 [저쪽이] 승낙하는 일은 없었다. 이번 서간 중에 우리나라의
울릉도라고 기입한 일을 [저쪽은] 제일 [우선하는 사항]이라고 판단
하고 이렇게 [서간을] 작성한 것이다. [때문에] 이 문자를 삭제하라고
[저쪽에] 요구해도 [이 건에 관해서는] 쉽게 해결되지 않는다. 오히려
서간 내용도 다시 개서되어 더욱 좋지 않은 [서간이] 될 것이다. 현재
의 서면으로 장군에게 올려도 나쁘지는 않기 때문에 이것을 수취하
면 어떠한가. 자세한 것에 대해서는 비선으로 지시해주실 것을 기다
리고 있겠다.

〃竹嶋之儀御書簡を不被相添訳官江御口上ニ而被仰含候依之朝廷方
其外役々被申候者少之儀ニ而茂御書簡を以被仰越例ニ候今度竹嶋
之儀者各別之儀ニ御座候処無書簡ニ被仰下候段無例事ニ候然処朝
鮮より書簡を以申達候儀如何可有之哉御書簡不被差渡儀役々不
審を立既以書簡申遣間敷与之沙汰も有之由ニ候へ共東莱江折々申
談能々致合点注進有之

〃竹嶋の事については、御書簡を添えずに訳官へ御口上で仰せ含め
るように[と言う事であった。だが]これに依って[あちらの]朝廷
方や、其の外の役々の方が申される事は、少しの事でも御書簡を
以て[日本は]お申し出をなさる例であるのに、今度の竹嶋の事
は、また各別の事であるのに、書簡も無くお申し出をなされた。
このような事は、これまでの例には無い事である。そのような処
に[今回]朝鮮からは書簡を以て申し伝えを行った。この事は[変則
であり]どうしてこのような事になったのであろうか。[日本が]御
書簡を差し渡されなかった事については[朝鮮の]役々に於いて不
審の[念が]立っている。既に[公儀からは]書簡を以て申し遣わし
ては成らないという通知も有ると聞くが[そのような事が]東莱へ
も折々に伝わってくる。だが[まことに訝しい事で、その旨の説
明があり]能く能く合点を致し[都へ]注進が有るべきである。

〃죽도의 일에 대해서는 서간을 첨부하지 않고 역관에게 구상으로
이야기하도록 [하라는 것이었다. 그러나] 이에 따라 [저쪽] 조정
측과 그 외의 여러 역인들이 말하길, [일본은] 사소한 일이라도

257

서간으로 요구하는데, 이번 죽도의 일은 특별한 일인데도 서간
도 없이 요구해왔다. 이 같은 일은 지금까지 예가 없는 일이다.
그러던 중 [이번에] 조선에서 서간으로 전해왔다. 이 일은 [변칙
으로] 어떻게 이러한 일이 된 것인가. [일본이] 서간을 보내지 않
은 것에 대해 [조선의] 역인들이 이상하게 [생각]하고 있다. 이미
[장군으로부터] 서간으로 전달해서는 안 된다는 통지도 있었다
고 들었으나, [그 같은 일이] 동래에도 자주 들려온다. 그러나
[참으로 이상한 일로 그 취지를 설명하여] 잘 납득할 수 있도록
[도성에] 주진해야 할 것이다.

其上元来朝鮮為ニ冝事ニ候得共漸只今之通書簡相認下候由判事共咄仕候
尤朝鮮人之申事ニ候故実とハ難請候得共咄之通申上候将又先頃御使者
再度被差渡候節朝鮮より之書簡館守ニ被相渡置候を可返之由東萊ニ申談
注進有之候処請取之候様申来候由判事申ニ付東萊ニ相渡申筈ニ御座候

其の上、元来朝鮮の為に宜しい事であるのに[直ぐに返事をするわけ
ではなく、暫く経って]漸く只今の通り[感謝の少ない]書簡をしたた
め下すようになった。[そのような事などを]判事どもは[互いに]話し
合っていたという。尤も朝鮮人の言う事であるので、実際の事であ
るとは受け取れ無いのであるが[一応そのような]話があった事を、そ
の通りに申し上げておく。なお又、先頃[対馬からの]使者が再度[こ
ちらに]渡海して来た折、朝鮮からの書翰が館守[の所]へ渡し置かれ
ていたのを[これは置いておけないので]返却すべきと、そのように東
萊へ申し入れる事があった。[それが都へと]注進される事があり、や
はり受け取る様にと[都からの]返答があった。その事を判事が[御使
者に]申したところ、東萊へ[この御書翰を早速]渡すという手筈に
なった(註4)。

그 후, 원래 조선을 위해 좋은 일인데도 [바로 답변하지 않고 시간이
지나] 겨우 지금과 같은 [감사의 문구가 적은] 서간을 작성해 내리게
되었다. [그 같은 일 등을] 판사들은 [서로] 논의했다고 한다. 원래 조
선인들이 말하는 것이기 때문에, 실제의 일이라고 받아들일 수는 없
으나 [일단 그러한] 이야기가 있었던 것을 그대로 말씀드려둔다. 그리
고 또, 지난번에 [쓰시마에서] 사자가 다시 [이쪽으로] 도해했을 때

조선의 서한을 관수의 [곳에] 건네두었던 것을 [이것을 놓아둘 수 없기 때문에] 반환해야 한다고, 그렇게 동래에 요구한 일이 있었다. [그것이 도성에] 주진되어, 역시 수취하도록 하라는 [도성의] 답변이 있었다. 그 일을 판사가 [사자에게] 전하자, 동래에 [이 서간을 서둘러] 전한다는 절차가 결정되었다.

一 太守事年寄中より子細言返書之思召成ニ

被遊し

(47-03)

〃右御国年寄中より五月二日返書之略左ニ記之

(47-03)

〃右[の内野権兵衛と高勢八右衛門からの書簡に対し]御国の年寄中
から五月二日付けの返書がある。その略を左に記す。

(47-03)

〃위[의 우치노 곤베에와 타카세 하치에몬의 서간에 대해] 나라 가
로들의 5월 2일부의 답서가 있다. 그 개략을 아래에 기록한다.

〃今度此方思召寄之通真案ニ被成被遣候文字ハ違候共此心持ニ相認

　被差越候得者　東武ニ被仰上候首尾能其上此方より御返簡等被遊

　候得者其書証拠ニ成候故已来共出入無之両国之大悦ニ候此段能々

　可被申達候不入事被書込又事わりひへ候而御相談も

〃今度、こちらの考えの通りに、真文にての案文が作成され[こち

　らに]遣わされた。文字に付いては[こちらの望みとは少しばか

　り]相違はあるが、その心持ちについては[こちらの望みに近く]

　したためられたものが送られて来た。それゆえ東武に御報告す

　る事は可能である。首尾能く[伝達し]其の上[この真文の書簡に

　対する]こちらからの[請け取ったとする]御返簡を[あちらへ]伝え

　たならば[この一件は、これで全て落着するであろう。]この[あ

　ちらからの謝書とこちらからの御請けの]書とは[その落着の]証

　拠に成るものである。それゆえ将来に亘り、ここでの[両国民の]

　出入は[一切]無くなるであろう。そうなれば両国にとって、大悦

　の事である。この事は[あちらへも]能く能く申し伝えるべきもの

　である。[そうでなければ]不必要な事が書き込まれたり、または

　事の関係が冷え切ったり、御相談の上の

〃이번에 이쪽의 희망대로 한문 초안문이 작성되어 [이쪽에] 전해

　졌다. 문구에 있어서는 [이쪽이 바라는 것과는 약간] 다른 것이

　었으나, 그 내용에 있어서는 [이쪽이 바라는 것에 가깝게] 작성

　된 것이 보내져 왔다. 그래서 동무에 보고할 수 있다. 별일 없이

　[전달하고] 그 후 [이 한문 서한에 대해] 이쪽에서 [받았다는] 답

서를 [저쪽에] 전하고 [이 일건은 모두 해결될 것이다.] 이 [저쪽에서의 감사서와 이쪽이 그것을 수리했다는] 서는 [그 해결의] 증거가 되는 것이다. 그러므로 장래에도 이곳으로 [양 국민이] 출입하는 일은 [일절] 없을 것이다. 그렇게 되면 양국으로서는 크게 기뻐할 일이다. 이 일은 [저쪽에도] 잘 전해져야 한다. [그렇지 않으면] 불필요한 일이 기입되거나 또는 상호 관계가 냉각되어 상담에 의해 결정된

翻り申候様゠有之候而者益もなき事゠大事゠及申候十分結構゠相済候上
ハ已来出入さへ無之様゠相済申候得者可然儀゠存候此分無油断可被申
達与ハ存候得共此方より申越候由゠而急度可被申達候

[合意も]翻ってしまう事も[充分に]有り得る事である。そうなっては
益も無い事である。さらに大事に及ぶような事では[もう、どうしよ
うもない。]こうして十分に結構[な形で]済んだ上は、将来に亘って
[この島で]紛争が起こる事の無い様にすれば、もうそれで宜しい事で
ある。此のような事を、しっかりと配慮して[あちらに]申し伝えなけ
ればならない。そのような事は承知している事とは思うが、こちらか
ら伝えなければならぬ事であるから[心して]確実に伝えるように。

[합의도] 번복되는 일도 [충분히] 있을 수 있다. 그렇게 되면 좋지 않
은 일이다. 더구나 큰일이 생기게 되면 [더 이상 어떻게 할 수도 없
다.] 이렇게 충분히 좋은 [형태로] 끝난 이상, 장래에도 [이 섬에서] 분
쟁이 일어나지 않도록 하면 그것으로 충분하다. 이 같은 일을 잘 배
려하여 [저쪽에] 전하지 않으면 안 된다. 그러한 일은 알고 있을 것이
라 생각하지만, 이쪽에서 전하지 않으면 안 되는 일이므로 [명심하여]
분명하게 전하도록 할 것.

〃是より軽き事＝而も御国より御使者を以御書簡＝而被仰渡候得共
今度者御口上＝而被仰渡候間朝鮮より書簡を以御礼申上候儀如何
＝候由朝廷方存寄之由承届候 公儀＝如何様之御了簡＝而口上＝而被
仰渡候様被仰付候儀不相知候得共達而朝鮮

〃是より軽い事でも、御国からは御使者を以て御書簡で[あちらへ]
申し遣わす事になっている。だが今度は、御口上で申し遣わす
ことになった。それゆえ朝鮮から書簡を以て御礼を申し上げる
事は[外交儀礼の上で、対等の関係を崩す事にもなりかねず]いか
がであろうかと、そのように[あちらの]朝廷方は思っておられ
る。そのような事を、こちらに伝えて来た。公儀は、どのよう
な御考えで、このように口上で申し遣わすようにと仰せられた
のであろうか(註5)。その真意は[我々の段階では]分からないが、
達って朝鮮

〃지금부터 가벼운 일이라도 나라에서는 사자를 보내 서간으로 [저
쪽에] 전하게 되어 있다. 그러나 이번은 구상으로 전하게 되었다.
그래서 조선에서 서간으로 감사를 말씀드리는 것은 [외교 의례상,
대등한 관계가 무너지는 일도 될 수 있어] 어떠한가, 그렇게 [저
쪽] 조정 측은 생각하고 계신다. 그 같은 일을 이쪽에 전해왔다.
장군은 어떤 생각으로 이렇게 구상으로 전하도록 명하신 것인가.
그 진의를 [우리들 단계에서는] 알 수 없지만, 강하게 조선국

国より御使者御書簡之儀願候者此方御心任ニ茂難成事ニ候間不成迄も
朝鮮国願之趣江戸表ゟ御伺被成候而相叶候者参判之御使者を以成共可
被仰遣候

国から[対等関係を維持するため]御使者と御書簡の事を願い出て来た
場合、こちらでは、それを放置して置く事は出来ない。それゆえ[そ
の願いが]成らぬ迄も、この朝鮮国の願いの趣旨を、江戸表へ御伺い
しなければならない。もしも[願いが]叶えば[公儀の御許可のもとに]
参判の御使者を以てでも[あらためて御書簡を]仰せ遣わさなければな
らない(註6)。

에서 [대등한 관계를 유지하기 위해] 사자와 서간을 원하는 경우, 이
쪽에서는 그것을 방치해 둘 수는 없다. 그래서 [그 요구가] 이루어지
지 않는다 해도, 조선국이 원하는 취지를 에도에 문의하지 않으면 안
된다. 만일 [요구가] 이루어지면 [장군의 허가 아래] 참판의 사자를
보내서라도 [새로운 서간을] 전하지 않으면 안 된다.

〃此方より御口上を以被仰渡候故彼方よりも口上ニ而御礼可申上由
達而申候者是又異国之事ニ候得者可被成様も無之候間急度訳官御
国ヱ差渡口上を以御礼被申越候様可被申談候東莱釜山辺迄訳官罷
下候而館守裁判迄口上ニ而御礼申候様成軽き儀ニ而ハ江戸表ヱ御
案内被仰上候儀不罷成候兎角急度為仕事ニ而無之候而者被仰上候
儀決而不罷成候間其了簡肝要ニ存候右三様之内

〃こちらから御口上を以て[あちらへ]申し伝えた事であり、あちら
からも[同じく]口上にて御礼を申し上げるべきと、そのような事
を[あちらが]達って申して来れば、是又、異国の事でもあるの
で、そのような事が行われないわけでもない。そうなれば必ず
訳官を御国へ派遣し、口上を以て御礼を申し伝える事になる。
そのような事は[訓導や別差から、こちらに]申し入れが有る筈で
ある。あるいは東莱や釜山の辺りまで訳官が罷り下り[和館の]館
守や裁判に迄、口上によって御礼を申すような事[になるかもし
れない。]軽い扱いの場合は、江戸表へ[御礼の]御報告だけを[こ
の館守や裁判に託し]申し出るかもしれない。[だがそのような軽
い扱いは]罷り成らぬ事である。兎も角、厳重に[礼を整えて御報
告を]仕るようで無ければ[江戸表への]取次ぎは決して罷り成ら
ぬ事である。[こちらは]其のような所存でいる事が肝要である(註
7)。右の三様の内、

〃이쪽에서 구상으로 [저쪽에] 전달했으므로, 저쪽에서도 [마찬가
지로] 구상으로 감사를 표해야 한다고, 그러한 일을 [저쪽이] 강

하게 주장하면, 이 역시 이국의 일이기 때문에 그 같은 일이 이루어지지 않는다고 할 수 없다. 그렇게 되면 반드시 역관을 쓰시마에 파견해 구상으로 감사를 전하게 된다. 그 같은 일은 [훈도와 별차가 이쪽에] 요구할 것이다. 혹은 동래와 부산 근처까지 역관이 내려와 [왜관의] 관수와 재판에게 구상으로 예를 표하는 일[이 될지도 모른다.] 가볍게 취급할 경우, 에도에 [감사의] 보고만을 [관수와 재판에게 의탁]할지도 모른다. [그러나 그 같은 가벼운 취급은] 안 되는 일이다. 어쨌든 엄중하게 [예를 갖춰 보고를] 하지 않으면 [에도에] 주선하는 일은 결코 할 수 없다. [이쪽은] 그 같이 생각하고 있어야 한다. 위 세 가지 중,

一様不罷成儀者有之間敷候此方御了簡ニハ爰元より申越候通書面書直
シ裁判迄書簡被相渡此方より之御返簡をも被取置候方朝鮮国之勝手ニ
茂能以後迄之証拠ニ罷成候故彼方之為ニ可然儀与存候乍然此段決而不
罷成事候者可致様も無之候間跡二様之内何レニ而も彼方勝手次第相談
被相極候様ニ与存候

一様たりとも罷り成らぬと言うような事では無いが、こちら[御隠居
様]の御考えでは、こちらから申し伝えた通りに[今回の]書面を書き
直し[和館の]裁判まで、その書簡をお渡しになり[その上で]こちらか
らの御請けの返簡をもお受け取りになられた方が、朝鮮国の為にも
宜しいと[そのように御判断なさっておられる。]そうすれば[島につ
いては]今後の証拠にも成る事であるので、あちらの為には当然の事
ながら、それでよい事である。然しながら、此の[書面の書き直しの]
事は[あちらの朝廷が許さず]決して罷り成らぬ事で、そのような事は
出来ないことであろう。そこで[右に示した三様の内]あとの二様の内
で、何れでも、あちらのご都合によって、相談の上、決定なされば
よい。そのように[こちらでは]考えている。

어느 것 하나 안 된다는 것은 아니지만, 이쪽 [은거하신 분]의 생각으
로는 이쪽에서 전한대로 [이번] 서면을 수정해 [왜관의] 재판에게 그
서간을 건네고 [그 후에] 이쪽에서 보낸 답서도 수취하는 쪽이 조선
국을 위해서도 좋다고 [그렇게 판단하시고 계신다.] 그렇게 하면 [섬
에 대해서는] 금후의 증거가 되기 때문에, 저쪽을 위해서는 당연히
좋은 일이다. 그러나 이 [서면을 고쳐 쓰는] 일은 [저쪽 조정이 허가

하지 않아] 결코 이루어질 수 없는 일로, 그러한 일은 할 수 없을 것이다. 그래서 [위에서 제시한 세 가지 중] 뒤의 두 가지 중에서, 어느 쪽이든 저쪽의 사정에 따라 의논 후 결정하시면 된다. 그렇게 [이쪽에서는] 생각하고 있다.

〃欝陵嶋与申事是非書不申候而不叶事ニ候ハ、竹嶋与書入申候方以
来朝鮮為ニ可然存候元今度之出入も欝嶋与竹嶋与名違申候故出入
有之候間竹嶋ニ日本人渡不申候様ニ被仰付忝与書載候得ハ以来紛
敷無之可然与存候

〃欝陵嶋と言う事を[あちらは]是非[書面の中に]書かなくてはなら
ぬ事である。それゆえ竹嶋と書き入れては、将来、朝鮮の為に
は当然の事ながら[宜しく無い事]である。元々、今度の紛争も欝
陵嶋と竹嶋と言う島名の違ったことから始まった紛争である。
それゆえ竹嶋へ日本人が渡海しない様[公儀が]御命じになられた
ので[この事を承け、この島に日本人が渡海しないよう仰せられ
た事は]忝ない事と[わざわざ書面に]書き載せるに至った(註8)。こ
れで将来に至るまで、もう紛らわしい事は無くなった。

〃울릉도라는 것을 [저쪽은] 꼭 [서면에] 기입하지 않으면 안 되는
일이다. 그래서 죽도라고 기입하면 장래 조선을 위해 당연히 [좋
지 않은 일]이다. 원래 이번 분쟁도 울릉도와 죽도라는 도명의
차이에서 시작된 분쟁이다. 그래서 죽도에 일본인이 도해하지
않도록 [장군이] 명령하신 것으로 [이 명령을 받아, 이 섬에 일본
인이 도해하지 않도록 명하신 일은] 황송한 일이라 [일부러 서면
에] 기재하게 되었다. 이것으로 장래에도 더 이상 혼동되는 일은
없을 것이다.

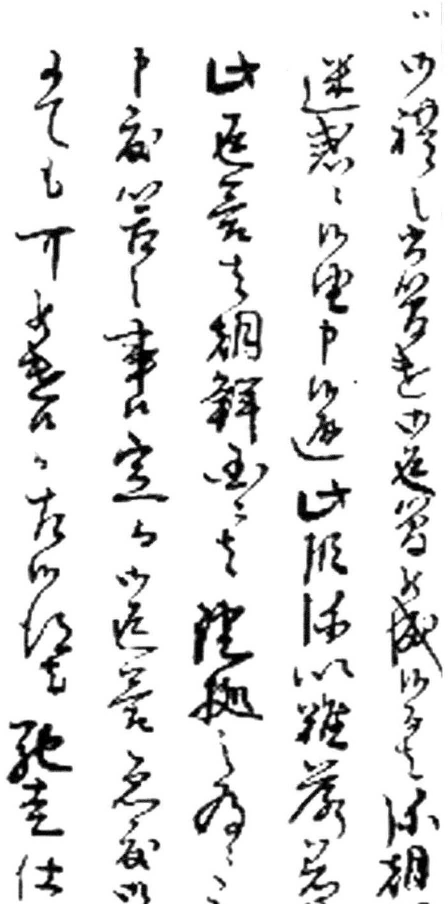

〃御礼之書簡遣御返簡被成候而者弥朝鮮国゠迷惑゠候由申候通此段
弥以難落着事゠候此返答者朝鮮国゠者証拠之為゠取置申度筈之事
候定而御返答急度御使者にても可被遣候か左候得者馳走仕候段

〃御礼の書簡を遣わし[こちらの口上に対し同等の口上ではなく、
敢えて書付けにて]御返簡に成られると言うのは[大変な決定で、
そこにさらに修正を求めれば]いよいよ朝鮮国にとっては迷惑な
事であろう。そのように[彼らが不審を]申すのは[確かに]その通
りであろう。[それゆえ]此の事については、いよいよ以て落着が
難しい事である。だが此の[謝状に対するこちらからの]返答は、
朝鮮国に取っては[後々の]証拠の為に[何としても]取って置きた
い筈のものである。おそらく、この御返答を[得るため]必ずや御
使者が派遣されて来る事であろう。そうなれば[あるいは]馳走を
仕る事は

〃감사 서간을 보내 [이쪽의 구상에 대해 동등의 구상이 아니라,
일부러 서부로] 답변하시겠다는 것은 [어려운 결정인데, 그것을
수정해달라고 요구하는 일은] 조선국에 크게 실례되는 일일 것
이다. 그렇게 [그들이 불만을] 말하는 것은 [분명] 당연한 일이다.
[때문에] 이 일에 대해서는 결론에 달하기 어려운 것이다. 그러
나 이 [서장에 대한 이쪽의] 답서는 조선으로서는 [후일의] 증거
를 위해 [어떻게든] 받아두고 싶을 것이다. 아마 이 답서를 [받기
위해] 반드시 사자가 파견되어 올 것이다. 그렇게 되면 [어쩌면]
접대받는 일은

迷惑ニ候与申事ニ而も可有之候哉先頃参判之御使者被遣候節さへ此方
よりハ馳走断申達候程之御心入ニ候故返簡被差越候共朝鮮国之造作ニ
者罷成間敷事ニ候処利徳之為斗之申分与相聞へ候

迷惑であるなどと、そのような事を[この派遣されて来た使者が、決
意を以て]申す事なども有るかもしれない。先頃、参判の御使者が遣
わされた時、こちらからは馳走をお断りすると[しっかりとした]御心
入れがあって[交渉の折に]申し伝えることがあった。それ程の[決意
で]事を進めたが[結局のところ]返簡が差し渡されて見れば、朝鮮国
の造作は、書翰の修正など罷りならぬというものであった。[こちら
が交渉を有利に進めようとする駆け引きの、その]利徳の為ばかりの
申し分と、そのように思われてしまった。[今回の御礼の書簡に対す
る修正要求も、また厳しい交渉を覚悟しなければならない。]

폐가 된다는 등, 그 같은 일을 [파견되어 오는 사자가 결의를 가지고]
주장할지도 모른다. 지난번 참판의 사자가 파견되었을 때, 이쪽은 치
주를 거절한다고 [강하게] 결심하여 [교섭 시] 전한 일이 있었다. 그
정도의 [결의로] 일을 진행했으나 [결국] 반한을 받고 보니, 조선국의
결론은 서간의 수정 등은 안 된다는 것이었다. [이쪽이 교섭을 유리
하게 진행시키기 위한 술수, 그런] 이익만을 위한 요구라고 그렇게
생각하게 하고 말았다. [이번의 감사서간에 대한 수정요구 역시 어려
운 교섭을 각오하지 않으면 안 된다.]

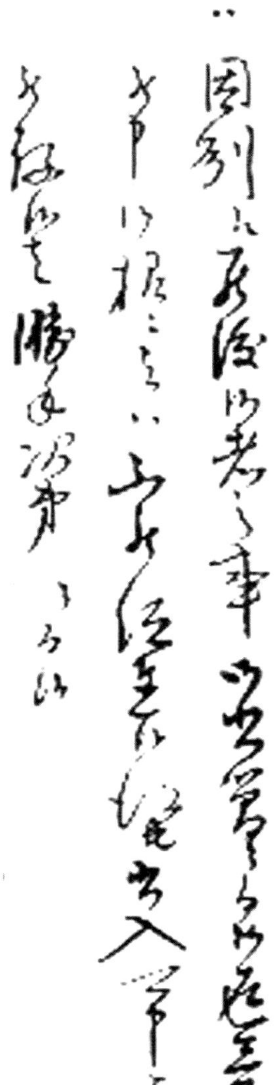

〃因州ﾆ罷渡候者之事御書簡ﾆ而御返答被申候様ﾆ与ハ不被仰達候
　得共書入可申与被存候者勝手次第ﾆ而候

〃因州へ罷り渡った者の事については、御書簡で[こちらに]御返答
　下さる様にと[あちらに]申し伝えてはいなかった。だが[今回あ
　ちらは、この事について]書き入れるべきと御判断なさったよう
　である。その事に関しては[もとより、あちらの]御都合次第の事
　である。

〃인슈우에 건너온 자에 대해서는 서간으로 [이쪽에] 답변해주시
　도록 [저쪽에] 요구하지는 않았다. 그러나 [이번에 저쪽은 이 일
　에 대해] 기입해야 한다고 판단하신 것 같다. 그 일에 관해서는
　[처음부터 저쪽] 사정에 의한 일이다.

〃竹嶋之儀御使者を以不被仰渡候段者約条之外之使者被遣間敷与
　思召候而之儀ニ而可有之与彼方ニ而推量之趣書中ニ有之候　公儀ニ如
　何様之御了簡にてか御口上ニ而被仰渡候様ニ与被仰付候儀を約条ニ
　違不申候様ニ与之思召ニ而使者不被差渡候与押而彼方ニ了簡仕候
　与書込候段不入事ニ存候

〃竹嶋の事については[書簡を携えた]御使者を以て[朝鮮へ]御連絡
　をするような事は無かった。それは約条にある以外の使者は[朝
　鮮へ]派遣しないようにという[公儀の]お考えによる事なのか、
　あるいは[使者派遣とは、本来]そのように[必要最小限]で有るべ
　きなのか、そのようなあちらの推量の趣旨が、この書中に書き
　載せて有る。だが公儀が、どのような御考えで[朝鮮に対し]御口
　上にて仰せ渡す様にと[こちらに]御指示をお下しになったのか
　[その点については]不明である。それを約条に違う事無くと言う
　お考えで、使者を差し渡されないようになさったと、あちらは
　押して思案し、その旨を[この書簡の中に]書き込んでいる。これ
　は[全く出過ぎた思案で]いらざる事である。

〃죽도의 일에 대해서는 [서간을 휴대한] 사자를 보내 [조선에] 연
　락하는 일은 없었다. 그것은 조약에 기술된 이외의 사자는 [조선
　에] 파견하지 않는다는 [장군의] 생각에 의한 것인지, 아니면 [사
　자 파견이란 본래] 그렇게 [최소한으로 해야] 하는 것인지, 그러
　한 저쪽의 추측한 내용이 이 서 중에 기재되어 있다. 그러나 장
　군이 어떤 생각으로 [조선에] 구상으로 전하도록 [이쪽에] 지시

를 내리신 것인지 [그 점에 대해서는] 불명이다. 그것을 약조에 정해진 대로 사자를 보내지 않았다고 저쪽은 추측하여 그 내용을 [이 서간 안에] 기입하고 있다. 이것은 [그야말로 지나친 생각으로] 필요없는 일이다.

一時當以経文之字文庵而

(47-04)

〃 書簡御注文之真文左ニ記之

(47-04)

〃 [あちらからの]書簡に対し[こちらからの]注文の真文を左に記す。

(47-04)

〃 [저쪽이 보낸] 서간에 대해 [이쪽이 보낸] 주문 내용을 한문으로 아래에 기록한다.

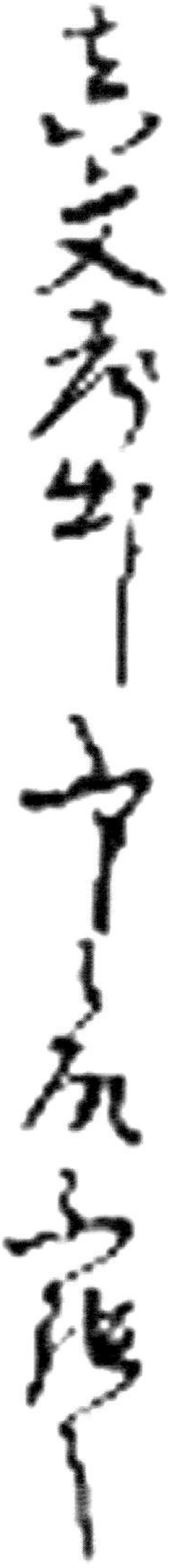

真文考出し不申候故不記之

真文が見あたらないので、これは記さない。

한문이 보이지 않아 이것은 기록하지 않는다.

一、五月十日

(47-05)

〃五月十日館守裁判方〓訓導別差召寄せ書簡書改之儀〓訳官渡海之儀等御国より五月二日之御返書〓御差図在之候通委細申渡候所明日両訳東莱〓可申達由〓而御書簡御注文之真文も写取罷帰〃

(47-05)

〃五月十日、館守および裁判方へ、訓導と別差とを召し寄せた。書簡の書き改めの事、ならびに訳官の渡海の事等について、御国から五月二日付けの御返書があり、その事について[再度]の御差図が在った。それゆえ、その通りに、その委細を[彼らに]申し渡した。すると、この両訳(訓導と別差)は、明日東莱府使へ申し伝えますと言って、御書簡[の書き改めを]記す御注文の真文を写し取り、持ち帰った。

(47-05)

〃5월 10일, 관수 및 재판 쪽에 훈도와 별차를 불러들였다. 서간을 개서하는 일, 역관 도해에 관한 일 등에 대해 쓰시마에서 5월 2일부의 답서가 있어, 그 일에 대해 [재차] 지시가 있었다. 때문에 그대로 그 상세한 내용을 [그들에게] 전했다. 그러자 이 양역(훈도와 별차)은 내일 동래부사에게 전하겠습니다 라고 말하고, 서간[의 개정을] 요구하는 내용의 한문을 필사하여 가지고 돌아갔다.

(47-06)

〃同月十一日館守裁判方江訓導別差召寄東莱江申遣候ハ竹嶋御礼之
書簡之写対州江差渡被致披見候処此方より不被仰渡儀共細々御書
載有之此書簡ニ而ハ

(47-06)

〃同月十一日、館守および裁判方へ、訓導と別差とを召し寄せ、
東莱府使へ申し遣わした事は[以下の通りである。すなわち]竹嶋
について御礼の御書簡が送られて来た。その写しを対州に差し
渡し[国元で]確認した処、こちらから話してもいない事などを
細々と御書き載せになっており、このような御書簡では、

(47-06)

〃동월 11일, 관수 및 재판 쪽에 훈도와 별차를 불러들여 동래부사
에게 전한 것은 [이하와 같다. 즉] 죽도에 대한 감사 서간을 보내
왔다. 그 사본을 타이슈우에게 전해 [국원에서] 확인한 결과, 이
쪽에서 언급하지 않은 일 등을 상세하게 기재하고 있어, 이 같은
서간으로는

東武ニ被差上事決而難成候間東萊ニ申談都ニ御注進候而御直シ被下候様
ニ可申入候御書簡之内不宜所ハ貴州諸奉行文字備悉委折矣と有之所欝
嶋之為我地輿図所載与御座候所貴州始雖錯認与有之所約条より外之
使者之儀与御書載有之所貴州諸奉行之書付御披見与御座候儀不宜候
子細者諸奉行之書付朝廷方ニ御覧候様ニ与存相渡たる儀ニ而無御座候訳
官申候者日本詞

東武へ差し上げる事はできない。そのような事を東萊府使へ申し伝
え、都へ御注進なさり御直し下さる様にと、申し入れた。御書簡の
内には、宜しからざる所がある。すなわち「貴州諸奉行の文字、備に
委折を悉す」と有る所、「欝嶋の我が地と為す、輿図に載する所」と有
る所、「貴州始め錯り認むと雖えども」と有る所、「規外に差を送るこ
と」と御書き載せが有る所である。[このような箇所を御直しいただ
かなければならない。]まず「貴州諸奉行」の書付けを見たとする所に
付いて[触れ]その宜しくない子細を申し述べておく。貴州諸奉行(対
馬の家老たち)の書付は、そもそも[そちらの]朝廷方へ御覧いただく
ため渡したものではない。[渡海の]訳官が申した事は、日本の

동무에 바칠 수 없다. 그러한 일을 동래부사에게 전해, 도성에 주진하
여 수정해주실 것을 요구했다. 서간 안에는 좋지 않은 내용이 있다.
즉 '귀주의 여러 봉행의 문자(서장)를 받아, 자세히 분석'이라는 문구,
'울릉도가 우리 땅이라는 사실은 동국여지승람의 도에 게재되어 있
는 바'라는 문구, '귀주는 처음에 착오하였으나'라는 문구, '규칙으로
정한 이외의 차사를 보내는 것'이라는 기재가 있는 곳이다. [이 같은

부분을 수정해주시지 않으면 안 된다.] 우선 '귀주의 여러 봉행'의 서부를 보았다는 부분에 대해 [접하다(触)]라는 부분이 좋지 않은 이유에 대해 말해둔다. 귀주의 여러 봉행(쓰시마의 가로들)의 서부는 원래 [그쪽] 조정 측에 보이기 위해 전한 것이 아니다. [도해한] 역관이 말한 것은 일본의

通兼刑部大輔殿御口上之趣承違も有之而ハ大切之事ニ候間御書付被下
候様ニ与申候然とも書付相渡候儀　東武より御差図無之事ニ候故難成与
申候得共我々之覚ニ致シ道ニ而茂読覚都ニ而朝廷方ヘ申入候刻相違無之
様ニ仕度候間諸奉行より相渡候如此之書物ニ候故書簡抔之内ニ御書載有
之事ニ而無御座候間御除可被成候事

言葉は[彼らには]通じ兼ねる。刑部大輔殿の御口上の趣旨を承って
も、その承り違いが有っては大変な事になる。それゆえ御書付けを
下さる様にと申して来た。だが書付けを渡す事は、東武からの御差
図には無い。それゆえ、できない事であると答えて置いた。すると
我々の覚えにするだけで、帰路の道中で読み覚え、都で朝廷方へ申
し入れをする頃には、相違の無いようにするだけの事であると[その
ように言って、なお]書付けを強く希望した。それゆえ[やむなく]諸
奉行から渡したものである。このような書付けであるため、書簡な
どの内に[その存在を]御書き載せになる必要は無い。これは御除きに
成られるべきものである。

(일본의) 언어는 [그들에게] 통하기 어렵다. 교우부 타이후 님의 구상
의 취지를 잘못 이해하는 일이 있어서는 큰일이다. 때문에 서부를 주
시도록 요구해왔다. 그러나 서부를 건네는 일은 동무의 지시가 아니
다. 그래서 할 수 없다고 답해두었다. 그러자 우리들이 참고로 할 뿐
으로 귀로의 도중에 읽고 기억하여, 도성에서 조정 측에 요구할 때
서로 착오가 없도록 하기 위한 것일 뿐이라고 [그렇게 말하며, 계속]
서부를 강하게 희망했다. 그래서 [어쩔 수 없이] 여러 봉행이 건넨 것

이다. 이러한 서부이기 때문에 서간 안에 [그 존재를] 기재할 필요는 없다. 이것은 삭제하셔야 하는 것이다.

〃欝嶋之為我地興図所載与御書載有之候此所者日本より被仰渡候を被請竹嶋与御書載可然事ニ候子細者竹嶋ニ日本人被差渡間敷与御座候上者貴国よりハ欝嶋与御書載有之一嶋と乍申紛敷相聞ニ如何可有御座候哉御了簡候而竹嶋与御書改可被成候事

〃次に「欝嶋の我が地と為す、興図に載する所」と御書き載せになっている事に付いて[触れて置く。]此の所は日本から仰せ渡された事を承ければ[本来は]竹嶋と御書き載せなさるのが[文の筋道からすれば]自然である。その子細を申し述べれば、竹嶋に日本人を差し渡すことは禁止すると、そのように[日本からの]文言にある以上[その島名をそのまま承け、続けて記すべきである。]、貴国から欝嶋と御書き載せが有るように、同一の島であるとは言いながら[やはり島名が違い、文脈上]紛しく聞えてしまう。それゆえ、どうかと思う所である。ここは御再考なさり、竹嶋と御書き改めに成られる方が宜しいと考える。

〃다음에 '울릉도가 우리 땅이라는 것은 동국여지승람의 지도에 게재되어 있다'라는 기재에 대해 [언급해둔다.] 이곳은 일본에서 전달된 것을 따라 [본래는] 죽도라고 기재하는 것이 [문장의 구조상] 자연스럽다. 그 상세한 것을 말하자면, 죽도에 일본인이 도해하는 일을 금한다고 그렇게 [일본이 보낸] 문언에 있는 이상 [그 도명을 그대로 받아 연이어 기록해야 한다.] 귀국이 울도라고 기재하고 있듯이, 동일한 섬이라고는 하지만 [역시 도명이 달라 문맥상] 혼란스럽게 들린다. 그러므로 어떨까 생각된다. 이곳은 재고하시어 죽도라고 수정하시는 편이 좋다고 생각한다.

〃貴州始雖錯認与御座候対州之誤無御座候　東武の命を請為申渡事
候然処ニ貴州之誤与御座候得共対州者添事ニ而日本　公儀之御誤之
様相聞ニ大切ニ存候弥此儀御書載候儀御無用可被成候事

〃続いて「貴州始め錯り認むと雖えども」と御書き載せになっているる事に付いて[触れて置く。]これは対州が誤ったわけでは無い。
東武の御命令を承けて[朝鮮に]申し渡したまでの事である。そのような処を取り上げ、貴州の誤りと御書き載せになったのは[実は]対州は添え事であって[その本来は]日本の公儀の御誤り[と、そのように書き載せる意ではなかったか。]その様に聞えるが[もしそうであれば、事は]重大になってくる。[そうであるので]いよいよ此の事に付いては、御書き載せは御無用に成されたい。

〃이어 '귀주는 처음에 착오하였으나'라는 기재 부분에 대해 [언급
해둔다.] 이것은 타이슈우가 착각한 것이 아니다. 동무의 명령을
받아 [조선에] 전달한 것일 뿐이다. 그러한 부분을 언급하며 귀
주의 잘못이라고 기재한 것은 [사실] 타이슈우는 형식일 뿐이고
[본래는] 일본 장군의 착오[라고, 그렇게 기재하고 싶었던 것은
아닌가.] 그렇게 들리는데 [만일 그렇다면 일은] 중대하다. [그렇
기 때문에] 이 일은 기재하지 않았으면 한다.

〃 今度竹嶋之一件使者を以不申入訳官＝申達候儀約条之外使者差渡
候儀為致遠慮様＝御書載候　東武より口上を以申渡候様＝与就被仰
付候訳官を以申達候約条＝而無之とても公用其外不叶儀有之節者
使者不差渡候而難成事＝候使者差渡候而者貴国より御馳走被成儀
如何

〃 今度、竹嶋の一件に付いて、使者を以て申し入れず[そちらから
の渡海の]訳官に[その旨を]申し伝えた。それに付いて、約条の
外に使者を差し渡す事を[こちらが]遠慮した様に[この御書簡に
は]書き載せがある。[だがそうではない。]東武から口上を以て
申し渡す様にと御指示があり[それゆえ]この事に就いては[こち
らの使者ではなく、そちらの使者たる]訳官を以て[この事を]申
し伝えた。[今回は、そちらからの使者が、折良く対馬にいたか
らである。そもそも使者と言うのは、必要に応じて差し渡すも
のである。それはそちらも同様であろう。だからたとえ]約条に
無くても、公用、其の外、叶わぬ事が有る時には、使者を差し
渡さなければ成り難い事がある。ただ、こちらから使者を差し
渡しては貴国から御馳走と言う事に相成る。[その御負担に対し
て、こちらの遠慮は有る。]この事について[朝鮮の側は]如何に

〃 이번에 죽도일건에 대해 사자를 보내 전하지 않고 [그쪽에서 도
해한] 역관에게 [그 내용을] 전했다. 그것에 대해 약조 이외에 사
자를 파견하는 일을 [이쪽이] 삼가고 있는 것처럼 [이 서간에는]
기재되어 있다. [그러나 그렇지 않다.] 동무께서 구상으로 전하라

고 지시하시어 [그래서] 이 일에 대해서는 [이쪽 사자가 아니라, 그쪽 사자인] 역관에게 [이 일을] 전했다. [이번에는 그쪽 사자가 마침 쓰시마에 있었기 때문이다. 원래 사자라는 것은 필요에 따라 파견하는 것이다. 그것은 그쪽도 마찬가지일 것이다. 그러므로 가령] 약조에 없어도, 공용 그 외 문제가 있을 때는 사자를 파견하지 않으면 해결되지 않는 일도 있다. 다만 이쪽에서 사자를 파견하면 귀국이 접대하는 일이 된다. [그 부담에 대해 이쪽이 사양하는 마음은 있다.] 이 일에 대해 [조선 측은] 어떻게

思召候而被仰聞事ニ候哉竹嶋之儀ニ付先使再度差渡候節貴国より之御
馳走之分不致受用返進仕候此方心入如此ニ御座候処不誠信成被仰聞与
存候ケ様之儀者今度竹嶋御礼之御書簡抔ニ被書加事ニ而無御座候間御
書載被成間敷候事

お考えになられるのであろうか。[この配慮について、あらためて、
そちらのお考えを]お聞かせいただきたいものである。竹嶋の事に付
いて、先の使者が再度[朝鮮へ]渡海した折、貴国からの御馳走の分を
受用し[それをそのまま]返進致した[という事が有る]。こちらの心入
れとは、このような事[言うの]である。そのような処に、不誠信とこ
ちらが思う[規外に差を送ること]の文言を[今回]お書き載せ下さっ
た。この様な[不誠信な文言は]今度の竹嶋に付いての御礼の御書簡な
どには[不必要な事で]決して書き加える事の無いようにしていただき
たい。[これは御馳走を求めて]不必要な使者を派遣するかのような事
を[言外に匂わせている。このような皮肉な文言を]書き載せる事の無
いようにしていただきたい。

생각하고 계시는가. [이 배려에 대해 새삼스럽게 그쪽 생각을] 듣고
싶다. 죽도의 일에 대해 앞의 사자가 다시 [조선에] 도해했을 때, 귀국
의 접대를 수용하여 [그것을 그대로] 반납한 [일이 있었다.] 이쪽의
사양하는 마음이란 이 같은 일을 [말하는 것]이다. 그런데 불성신이라
고 이쪽이 생각하는 [정규 외의 사자를 파견하는 일]이라는 문언을
[이번에] 기재하셨다. 이 같은 [불성신한 문언은] 이번의 죽도 건에
대한 감사 서간에는 [불필요한 것으로] 절대 기입하는 일이 없었으면

한다. [이것은 접대를 요구하며] 불필요한 사자를 파견한다는 듯한 내용을 [언외에 내비치고 있다. 이러한 비꼬는 듯한 문언을] 기재하는 일은 없도록 해주었으면 한다.

一、

313

〃右之通急度御注進被成御書翰御書直シ早々被差下候様可申達之
旨刑部大輔殿より申来候　東武ニ之御案内致延引不首尾ニ罷成候間
此段能御注進被成候様ニ与之御事ニ御座候御書簡御書改被成候共
双方之心入相違仕居候故書面之内不入事共可申参候左様

〃右の通りを確実に[朝廷に]御注進に成られ、御書簡を御書き直し
になられるよう、そして早々に[改まった御書簡を]差し下される
よう[東萊へ]申し伝えるべきである。このような趣旨を刑部大輔
殿から[草梁和館へ]申し伝えて来た。そして東武への御報告が延
引しており[これでは朝鮮役としての対馬の御役目が]不首尾に罷
り成っている。そのような事情であるので、この事を能く[朝廷
に]御注進に成られる様にと[これまた刑部大輔殿の]御意向であ
る。御書簡を[今回]御書き改めに成られても、双方の心入れは
[国風が違うゆえ]相違しているので、書面の内に[なお]不必要な
事などが混入する事も有り得る。

〃위와 같이 확실히 [조정에] 주진하시어 서간을 수정해주시도록,
그리고 서둘러 [수정한 서간을] 전해주실 것을 [동래에] 전해야
한다. 이 같은 취지를 교우부 타이후 님이 [초량왜관에] 전해왔
다. 그리고 동무에 보고하는 것이 늦어지고 있어 [이렇게 되면
조선역이라는 쓰시마의 역할이] 완벽하지 않게 된다. 그 같은 사
정이므로 이 일을 [조정에] 잘 주진해주시도록, [이 또한 교우부
타이후 님의] 의향이다. 서간을 [이번에] 수정하셔도 쌍방의 생
각은 [국풍이 다르기 때문에] 서로 달라, 서면 안에 [여전히] 불
필요한 일 등이 혼입될 수도 있다.

候而者如何＝存候付此方存寄之書翰之案東莱迄進之候文字者違候共此
案書之心持＝御書改被下候得者別条無御座　東武江差上夫＝而事相済双
方之大悦不可過之候事

そのようでは如何かと思うので、こちらが思う所の書簡の案文を、東
莱まで進言して置く。文字は違っても、此の案文の書簡の心持ちで
[そちらが]御書き改め下されば、別条無く東武へ差し上げる事ができ
る。それによって全てが相済み、双方にとって大悦至極の事となる。

그렇게 되면 좋지 않다고 생각하기 때문에, 이쪽이 생각하는 바의 서
간 초안문을 동래에 진언해둔다. 문자는 달라도 이 초안문의 서간을
마음에 두고 [그쪽이] 수정하신다면 별 탈 없이 동무에 상신할 수 있
다. 그로써 모든 것이 해결되어 쌍방에 있어 매우 기쁜 일이 된다.

右つ降つ判事にや合ひ書案あらく□坊

十けの後判事書を次きを□案に□

きし

(47-07)

〃右之条々判事ㇱ申含候書簡案為写之此方より申聞候趣判事覚書ㇱ
致させ東莱ㇱ差遣之

(47-07)

〃右の条々を、判事へ申し伝えた。書簡の案文に付いては、これ
を写させ、こちらから申し伝える趣旨については、判事に覚書
として記させ、それを東莱に差し遣わす事になった。

(47-07)

〃위의 각 조항을 판사에게 전했다. 서간 초안문에 대해서는 이것
을 필사하게 하고, 이쪽이 전하는 취지에 대해서는 판사에게 각
서로 기술하게 하여 그것을 동래에 보내게 되었다.

(47-08)

〃同月十四日東莱より両訳を以館守裁判方江返答申来候ハ都より之
書翰之写対州江被差越候処不宜所多く御座候間致注進書改候様ニ
与之御事一々承届候併貴州より御書簡無シ訳官ニ御口上を以被
仰渡候故書簡を以申進候儀罷成間敷与相談相究

(47-08)

〃同月十四日、東莱から両訳を以て、館守および裁判方へ返答が
来た。すなわち、都からの書翰の写しを[そちら]対州へ差し渡し
た処、宜しからざる所が数多くあるとの事であった。それゆえ
[都へ]注進を致し、書き改めて頂きたいとの[そちらからの申し
出の]御事があり、その[宜しからざる]一つ一つを[こちらは]承っ
た。[この際であるので]併せて[こちらからも申し述べておく
が、そもそも]貴州からは、御書簡も無く、訳官に御口上を以て
だけ[竹嶋の事を]お伝え下さった。それゆえ[今回こちらから]書
簡を以て御返事を申す事はできないと、そのように[朝廷では]相
談がまとまっていた。

(47-08)

〃동월 14일, 동래에서 양역을 통해 관수와 재판 쪽에 답이 왔다.
즉 도성에서 서간의 사본을 [그쪽] 타이슈우에게 보냈는데 좋지
않은 부분이 많다는 것이었다. 그래서 [도성에] 주진하여 개서해
주었으면 하는 [그쪽 요구] 사항에 대해, 그 [좋지 않은 부분] 하
나하나를 [이쪽은] 들었다. [이참에] 같이 [이쪽에서도 언급해두

겠는데, 원래] 귀주에서는 서간도 없이 역관에게 구상으로만 [죽도의 일을] 전했다. 때문에 [이번에 이쪽에서] 서간으로 답변할수 없다고, 그렇게 [조정에서는] 의견이 모아졌다.

居候処私方より折々致注進申達候ニ付只今之書簡被差下候依之都より
被申付候者貴州より御書簡無御座候得共今度以書簡申入候此上ニ茂何
角有之候共注進仕間敷之由堅申来候然処致注進候者必科可被申付候
縦注進仕候共右之首尾ニ候ヘハ書簡書直シ可進与ハ被申間敷候事

そのような所に、私の方から折々に注進を致して申し伝えたので、
それによって只今の書簡が差し下されたのである。この[無理な願い
を通した事]に依って、都から申し付けられた事は、貴州からは御書
簡が無かったにも関わらず、今度[朝鮮の側では]書簡を以て[返答に]
応じる事になった。それゆえ此の上、何か有っても、もはや注進は
しないようにと、堅く申し付けられていた。そのような処に[再度]注
進をすれば、必ずや科を申し付けられてしまう。たとえ注進を致し
ても、右の首尾であるので、書簡を書き直してお渡しするとは[朝廷
方は到底]申されないであろう。

그러한 상황에서 우리 쪽에서 자주 주진하였기 때문에, 그로 인해 현
재의 서간이 내려온 것이다. 이 [무리한 요구에 대해] 도성에서 지시
한 것은 귀주에서는 서간이 없었음에도, 이번에 [조선 측에서는] 서간
으로 [답]하게 되었다. 그러므로 더 이상, 어떤 일이 있다 해도 다시는
주진하지 않도록 하라는 엄중한 지시를 받았다. 그런데 [다시] 주진하
면 반드시 처벌을 명받고 만다. 가령 주진한다 해도 위 같은 상황이
기 때문에, 서간을 수정해 전하라고는 [조정 측은 절대] 말하지 않을
것이다.

〃 対州諸奉行書付披見候与書載有之儀不宜様ニ被仰聞候御書簡無之
時者貴而諸奉行之書付ニ而も不請候而者書簡進中事難成候朝鮮之
儀者少之儀ニ而も書付を以通用仕候増而ヶ様之大切成儀を口上ニ
而承候とハ書載難成候依之諸奉行之書付之儀書載仕候事

〃 「対州の諸奉行からの書き付けを拝見致した」と、そのように書
き載せた事について[そちらからは]宜しくないと、そのような
[お話しを]お聞かせ下さった。御書簡が無い時であるので、せめ
て諸奉行の書付けだけでも請い願い受けなければ[御返事の]書簡
をお渡しする事も難しい。朝鮮では少しの事でも書付けを以て
通用を計る習わしである。増して、このような大切な事は、口
上ばかりで承ると言う事は無く[正しく]書き載せなくては成らな
い事である。これに依って、諸奉行の書付の事を[書簡の中に、
正しく]書き載せたのである。

〃 '타이슈우의 여러 봉행이 보낸 서부를 보았다'고 그렇게 기재한
것에 대해 [그쪽은] 좋지 않다고, 그러한 [이야기를] 하셨다. 서간
이 없기 때문에 여러 봉행의 서부만이라도 청해 받지 않으면 [답
서] 서간을 전하는 일도 어렵다. 조선에서는 사소한 일이라도 서
부로 통용하는 것이 관례이다. 하물며 이처럼 중요한 일을 구상
만으로 승낙하는 일은 없어, [바르게] 기재하지 않으면 안 되는
일이다. 그래서 여러 봉행의 서부에 관한 것을 [서간 중에 바르
게] 기재한 것이다.

325

〃蔚嶋之為我地輿図所載与致書載候儀不冝候竹嶋与書載仕候様被
　仰下候いつれを申候而茂一嶋＝而御座候得共我国＝而申ならわせ
　其上書物＝茂慥＝有之候故蔚嶋与書付申候此段別而御障＝可罷成
　儀とハ不存候事

〃「蔚嶋の我が地と為し、輿図に載する所」と、そのように書き載
　せた事について冝しくないと[そのようにお聞かせ下さった。]そ
　して竹嶋と書き載せる様に仰せ下さった。[竹嶋とも蔚嶋とも]い
　ずれの島名を申しても[結局]一島の事である。我が国で言い習わ
　している島名であり、また其の上、書物にも確かに有る事であ
　る。それゆえ蔚嶋と書き付けたのである。この事は格別に障り
　と成るような事では無いと思う。

〃'울릉도가 우리 영토라는 사실은 지도에 실려 있다'고, 그렇게
　기재한 것에 대해 좋지 않다고 [그렇게 말씀하셨다.] 그리고 죽
　도라고 기재해달라고 말씀하셨다. [죽도든 울릉도든] 어느 도명
　을 사용해도 [결국] 1도이다. 우리나라에서 사용하고 있는 도명
　이고 게다가 서적에도 분명히 기재되어 있는 일이다. 때문에 울
　도라고 기록한 것이다. 이 일은 각별히 문제되지 않는다고 생각
　한다.

〃 貴州之御誤与書載仕候儀日本 公儀ニ当りたる様ニ有之不宜候間差
除候様ニ被仰下候貴州之御誤与申候子細者今度竹嶋ヘ日本人被差
渡間敷与之儀朝鮮国ヘ申渡候様ニ被蒙仰候者御書翰無シニ難請可
有御座段御推量可有之事ニ候然時者被仰上候而成共御書簡不被相
添候而不叶事ニ候御口上を以被仰渡候儀如何様之

〃「貴州の御誤り」と、そのように書き載せた事について、この事
は日本の公儀に宛てた様であり宜しくない、それゆえ差し除く
様にと、そのように仰せ下さった。貴州の御誤りと申した子細
は、今度、竹嶋へ日本人が渡る事は禁止すると、その事を朝鮮
国へ申し渡すよう[公儀から]御指示を受けられたようであるが、
そのような[重大な]事は[公儀からの]御書簡無しには請け難いこ
とである。その事は[そちらも充分に]御推量は可能であろう。そ
うであれば[公儀から]御命令があっても、御書簡が相添えられて
いなければ叶わぬ事である。[御書簡が無く]御口上を以てだけ仰
せ渡されると言う事になれば、そこには

〃 '귀주의 착오'라고, 그렇게 기재한 것에 대해 이것은 일본 장군
에게 말한 것 같아 좋지 않기 때문에 제거하도록 말씀하셨다. 귀
주의 착오라고 한 이유는 이번에 죽도에 일본인이 건너가는 일
을 금지한다는 일을 조선국에 전하도록 [장군으로부터] 지시받
은 것 같은데, 그렇게 [중대한] 일은 [장군의] 서간 없이 수용하
기 어려운 일이다. 그 일은 [그쪽도 충분히] 추량 가능할 것이다.
그렇다면 [장군의] 명령이라고 해도, 서간이 첨부되지 않으면 수
용할 수 없는 것이다. [서간 없이] 구상만으로 전한다면, 그에는

様子も有之候哉与不審ニ存候足壱ツ先使初而被差渡候時分結構成返簡を進申候処ニ一嶋二名与御座候而被差還候尤一嶋二名ニ相見江可申候得共 東武ニ被差上御立腹被成候書ニ而無御座候其上唯今之通ニ

如何様な事情が有るというのか[この点、些か]不審に思われる。[実際には御書面にて御指示があったであろうから、それをこちらに伝えないのは]これは[貴州の御誤りの]一つである。先の使者が初めて[朝鮮に]差し渡された時分[朝廷からは]結構成る返簡を進呈致した。そのような処に[当該の島は]一島二名であると[そちらからの]御指摘を受け[一つの名にて記すよう、この書簡は]差し還された。尤も一島二名に見える[文書表現]ではあったが、そのまま東武へ差し上げられても[ことさら東武が]御立腹に成られるような書簡では無かった。其の上、唯今のように

어떤 사정이 있다는 것인지 [이 점이 약간] 이상하게 생각된다. [실제로는 서면으로 지시가 있었을 것이므로, 그것을 이쪽에 전하지 않는 것은] 이것은 [귀주의 실수 중] 하나이다. 앞의 사자가 처음으로 [조선에] 파견되었을 때 [조정에서] 좋은 답서를 드렸다. 그런데 [해당 섬은] 1도 2명이라는 [그쪽의] 지적을 받아, [하나의 이름으로 기록하도록 이 서간은 반환되었다. 원래 1도 2명으로 보이는 [문서표현]이긴 했지만, 그대로 동무에 상신해도 [특별히 동무가] 불만스러워 할 서간은 아니었다. 게다가 지금처럼

東武御結構成誠信之御心得ニ候得者敏首尾能相済居可申を再度御使者被
差渡何角与被仰掛只今迄も六ヶ敷罷成候偏対州より被成様不宜数年之
御よしみ程ニ無御座与都ニ茂被存候付書簡之内細々書載有之与存候事

東武が御結構な誠信の御心得でおられるので[この事については、そ
もそも]敏速に首尾能く済むべきものであった。だが[貴州は]再度、
御使者を差し渡され、何かと異議を唱え[合意を妨げた。そして]只今
迄に至るも[交渉をなお]困難なものにしている。それは偏えに対州か
ら始めた困難であり[両国の友誼交流のためには]宜しくない事であ
る。[それを貴州の御誤りと言うのである。]これは[これまでに築き
上げた]数[十]年にわたる御よしみ[の心]からは程遠く[まさに、それ
を貴州の御誤りと]都でもお考えになっておられる。[そのような事
を]書簡の内に細々と書き載せたまでで、そのような事が[只今に至る
も、なお]有ると[こちらは]考えている。

동무가 훌륭한 성신의 마음을 갖고 있어 [이 일은 원래] 조속히 끝날
문제였다. 그러나 [귀주는] 재차 사자를 보내 계속 이의를 주장하며
[합의를 방해했다. 그리고] 지금에 이르러서도 [교섭을 더욱] 곤란하
게 만들고 있다. 그것은 오로지 타이슈우가 시작한 문제제기로 [양국
의 우의교류를 위해서는] 좋지 않은 일이다. [그것을 귀주의 잘못이라
고 말한 것이다.] 이것은 [지금까지 구축한] 수[십] 년에 걸친 성[심]
과는 동떨어진 것으로 [그야말로 그것을 귀주의 잘못이라고] 도성에
서도 생각하고 계신다. [그 같은 일을] 서간 안에 자세히 기재했을 뿐
으로, 그 같은 일이 [지금에 이르러서도 여전히] 존재한다고 [이쪽은]
생각하고 있다.

〃約条之外之御使者不被差渡今度訳官を以被仰下候段誠信之御心
　与忝被存書載為被仕事ニ候都より被申通為差立事者各別約条之外
　之御使者被差渡候儀御了簡被成被下候様ニ与之事ニ候

〃約条にある以外の御使者は差し渡されないと、そのように今
　度、訳官を通してお伝え下さった事は、誠信の御心であると忝
　なく思っている。それゆえ、そのように[こちらは]書き載せた
　までの事である。[私つまり東莱府使が]都から申し渡され[対馬
　に対し]申し入れをするよう言われた事は、各別の[事ではな
　い。]約条にある以外の御使者を差し渡される事は[これまでも
　度々あり問題になっていた。今後は御使者を、よくよく]御考え
　に成ってから差し渡される様にしていただきたい。そのような
　事である。

〃조약에 있는 이외의 사자를 파견할 수 없다고, 그렇게 이번에 역
　관을 통해 전해주신 것은 성신의 마음이라고 감사히 생각하고
　있다. 그래서 그렇게 [이쪽은] 기재했을 뿐이다. [나 즉 동래부사
　가] 도성의 지시를 받아 [쓰시마에] 요구하도록 명받은 일은 각
　별한 [일이 아니다.] 조약에 있는 이외의 사자를 파견하는 일은
　[지금까지도 자주 있어 문제가 됐었다. 금후로는 사자를 충분히]
　생각한 후에 파견해주셨으면 한다. 그러한 일이다.

(47-09)

〃右之通両訳申候ニ付館守より東莱ニ返答申遣候次第左ニ記之

(47-09)

〃右の通りに両訳が申したので、館守から東莱へ返答を申し遣わ
した。その次第を左に記す。

(47-09)

〃위와 같이 양역이 전했기 때문에 관수가 동래에 답변을 전했다.
그것을 아래에 기록한다.

〃貴国=而者少之儀=而も書通=而無之候得者難成増而大切之儀を
口上を以御聞届候与ハ御書載難成之由国風者如何様=茂候得かし
口上=而茂冝儀与被思召御請被成ル上者口上を以被聞召候与御書
載有之而

〃貴国では少しの事でも書き通したものが無ければ、成り難いとい
う[国風である。]増して大切な事を[書いたものではなく]口上を以
て御聞き届けをするなどとは[余りに杜撰で、そのような様子を]御
書き載せする事さえ成り難い事であると言う。だが、そのような
国風とは如何様のものであろうか。[こちらでは]口上にても宜しい
[程度の]事であり[そのように]お考えになられ[刑部大輔殿は公儀
から今回の御指示を]御請けに成られた。そのような事なので、口
上を以てお聞き下さいと[今回]御書き載せが有っても、

〃귀국에서는 사소한 일이라도 서간이 없으면 성립되기 힘든 [국
풍이다.] 하물며 중요한 일을 [서간이 아닌] 구상으로 전달받아
수락하는 일 등은 [너무나 허술하여 그러한 상황을] 기재하는 일
조차 하기 힘들다고 한다. 그러나 그러한 국풍이란 어떠한 것인
지. [이쪽에서는] 구상으로도 상관없는 [정도의] 일이라고 [그렇
게] 판단하고 [교우부 타이후 님은 장군으로부터 이번 지시를]
받으셨다. 그 같은 일이기 때문에 구상으로 들어달라고 [이번에]
기재가 있어도

苦ヶ間敷事ニ候其上対州之家老与朝廷方書通を被成様ニ御座候而者貴
国之御為ニも軽々敷ハ相聞へ申間敷候哉いつれニ付諸奉行之書付御披
見候与之儀御書簡之内ニ御書載御無用ニ候事

何も支障は無い事である。その上で、対州の家老と朝廷方とが書き
通したものを[互いに交わし]折衝を行えば、貴国の為にも[事は]軽々
しく聞こえない筈である。いずれにしても[公儀からは口上にてと今
回御指示があったことであり]諸奉行の書き付けを披見致したとの事
は、御書簡の内に御書き載せする事は御無用に願いたい。

아무런 지장이 없는 일이다. 게다가 타이슈우의 가로와 조정 측이 기
록한 것을 [서로 교환하여] 절충하면, 귀국을 위해서도 [일은] 가볍게
들리지 않을 것이다. 어쨌든 [장군은 구상으로 하라고 이번에 지시하
였기 때문에] 여러 봉행의 서부를 보았다는 일은 서간 내에 기재하지
않았으면 한다.

〃今度竹嶋之儀御口上を以訳官ニ被仰渡御書翰無之段御不審ニ思召
其上 東武より口上を以申渡候様ニ与被仰付候共御書簡なしニハ朝
鮮ニ難請可存儀御存之前ニ候被仰上候而成共書簡を以不被仰渡候
而不叶儀をケ様ニ者有之間敷与思召之段承届候此段刑部大輔殿不
被任心事ニ候子細者 東武如何様之御心入を以口上ニ而

〃今度、竹嶋の事について[刑部大輔より]御口上を以て訳官に仰せ
渡しがあった。[だが]それを伝える御書簡は無いという事で[そ
ちらは]御不審に思われた。其の上、東武からは、口上を以て申
し渡す様にと仰せ付けられたが、御書簡なしでは、朝鮮に於い
ては請け難く思う所である。[そのような事は、こちらも十分に
理解できるところである。]それは[刑部大輔殿に於いても、もと
より]御存じの事で、その旨を[公儀へ]申し上げ、せめて書簡を
以て申し伝えなければ叶わぬ事と[そのようにも申し上げた。だ
が]斯様な[書簡のようなものが]有ってはならぬと、そのような
[東武の]お考えがあり、それを[刑部大輔殿は]承った。[それゆ
え]この事については、刑部大輔殿の御考え次第と言うわけには
行かない。その子細に付いて、東武がどのような御考えで[この
ように]口上で

〃이번에 죽도의 일에 대해 [교우부 타이후가] 구상으로 역관에게
전하였다. [그러나] 그것을 전하는 서간이 없다는 이유로 [그쪽
은] 이상하게 생각하였다. 게다가 동무는 구상으로 전하도록 명
하셨으나, 서간 없이는 조선이 수락하기 어렵다고 생각하였다.

343

[그 같은 일은 이쪽도 충분히 이해할 수 있는 일이다.] 그것은 [교우부 타이후로서도 원래] 알고 계신 일로, 그 뜻을 [장군에게] 말씀드려 적어도 서간으로 전하지 않으면 안 된다고 [그렇게 말씀드렸다. 그러나] 그러한 [서간은] 있어서는 안 된다는 그 같은 [동무의] 생각이 있어, 그것을 [교우부 타이후 님은] 수긍하셨다. [때문에] 이 일에 대해서는 교우부 타이후 님의 생각대로 할 수는 없다. 그 상세한 일에 대해 동무가 어떤 생각으로 [이렇게] 구상으로

申渡候様＝与被仰付候哉難斗書簡不差渡候乍然刑部大輔殿以酊庵和尚
列座＝而直＝被申渡候上者書簡より慥成儀御疑被成間敷候先使初＝罷渡
候節貴国より之御返簡宜有之候を返し候段如何＝思召候与之儀左様＝而
無之候一嶋二名之紛敷書を請 東武＝差上御不審有之時者何と可申上候
哉対州之誤第一貴国御為＝も不罷成儀与存候付再度使者差渡欝嶋之

申し渡すようにと御指示なさったのか[こちらでは]斗り難いところが
ある。[そのような事情にあり]それゆえ書簡を差し渡す事はできな
い。然しながら刑部大輔殿は[東武からの御目付役である]以酊庵の和
尚が列座する中で[この事を訳官に]直々に申し渡す事をなされた。こ
のような申し渡しは、書簡よりも確かな事で[東武の御公認の申し渡
しという事を、それゆえ]御疑いに成られる必要は無い。先の[こちら
の]使者が初めに[貴国に]罷り渡った折、貴国からの御返簡が宜しい
もので有ったのを[敢えて貴国へ]送り返した事を、どのようにお考え
になるか[対州の御誤りではないかと、そのような御指摘が今回あっ
た。]だがそうではない。一島二名の紛しい書簡を請け、それを東武
に差し上げ、御不審を受けた場合[紛らわしい事を承知の上での上奏
となり]申し開きができないのである。[すなわち対州の御誤りと言う
のは、そちらの間違いである。ことのついでに]対州の誤りの第一と
して指摘された事に付いても[今少し触れて置く。]これは貴国の為に
成らぬ事と思い、再度、使者を差し渡し、欝嶋の

전하도록 하라고 지시하셨는지 [이쪽에서는] 헤아리기 어려운 부분
이 있다. [그 같은 사정으로] 때문에 서간을 전할 수가 없다. 그러나

교우부 타이후 님은 [동무가 보낸 감시역인] 이테이안인 화상이 열좌한 가운데 [이 일을 역관에게] 직접 전하셨다. 이 같은 전달은 서간보다도 확실한 일로 [동무가 공인하신 전갈이라는 것을, 때문에] 의심할 필요가 없다. 앞서 [이쪽] 사자가 처음으로 [귀국으로] 파견되었을 때, 귀국의 답서가 좋은 것이었는데 [일부러 귀국에] 반환한 일을 어떻게 생각하시는지 [타이슈우의 잘못이 아닌지, 그러한 지적이 이번에 있었다.] 그러나 그렇지 않다. 1도 2명의 혼란스런 서간을 받아, 그것을 동무에 상신해 의심받을 경우 [혼란스러운 것을 알고도 상신한 것이 되어] 변명할 수 없는 것이다. [즉 타이슈우의 잘못이라고 하는 것은 그쪽의 착각이다. 말하는 김에] 타이슈우의 실수 중 하나라고 지적한 것에 대해서도 [지금 잠깐 언급해둔다.] 이것은 귀국을 위해 좋지 않다고 생각하고, 다시 사자를 보내 울도라는

文字を御除被下候様ニ与申候御心能返翰を請 東武ニ冝申上無別条相済
申度被存再度迄差渡し候両国冝様ニ与存候儀を対州之仕様悪敷与被思
召御恨之段存之外成御了簡違ニ而候子細者竹嶋之儀永々相済不申刑部
大輔殿気毒ニ被存候貴国与ハ数年之よしみ与申旁ニ付首尾能相済候得
かし与被存先頃江戸表被罷登候節 東武より竹嶋之儀御尋ニ付委細ニ被
申上具

文字を御除き下さるよう申した事についてである。つまり御心よい
返簡を請け、東武に宜しく申し上げ[この件に関し]別条無く済ませた
く思い、再度に亘り使者を差し渡したまでの事である。両国[の関係]
が宜しい様にと願い、そのように行った事を、対州の対応が悪いと
お考えになられ[対州を]恨むような事は、思いの外の了簡違いであ
る。その子細に付いて言えば、竹嶋の事は永々と経過し[決着に]至っ
ていないので、刑部大輔殿は[朝鮮に対し]気の毒に思っておられた。
貴国とは数[十]年来のよしみであると申しておられ、あれこれの事に
付いて、首尾よく相済んで欲しいと願っておられた。それゆえ先
頃、江戸表に罷り登られた節、東武から竹嶋の事について御尋ねが
あり、委細に申し上げて具に

문자를 삭제해달라고 한 것에 관해서이다. 즉 만족스러운 답서를 받
아, 동무에게 좋게 말씀드려 [이 건에 관해] 무사히 끝내고 싶다고 생
각하고 다시 사자를 보낸 것이다. 양국 [관계가] 좋아지길 바라며 그
렇게 한 일을 타이슈우의 대응이 나쁘다고 생각하시고 [타이슈우를]
원망하는 일은 예상치 못한 오해이다. 그 자세한 것을 말하자면 죽도

의 일은 오래 지속되어 [결론에] 이르지 못했기 때문에, 교우부 타이후 님은 [조선에 대해] 안쓰럽게 생각하고 계셨다. 귀국과는 수[십]년간의 좋은 관계라고 말씀하시며 여러 일이 잘 해결되기를 바라고 계셨다. 그래서 지난번 에도에 등성했을 때 동무께서 죽도의 일에 대해 질문하시자, 자세히 설명하여

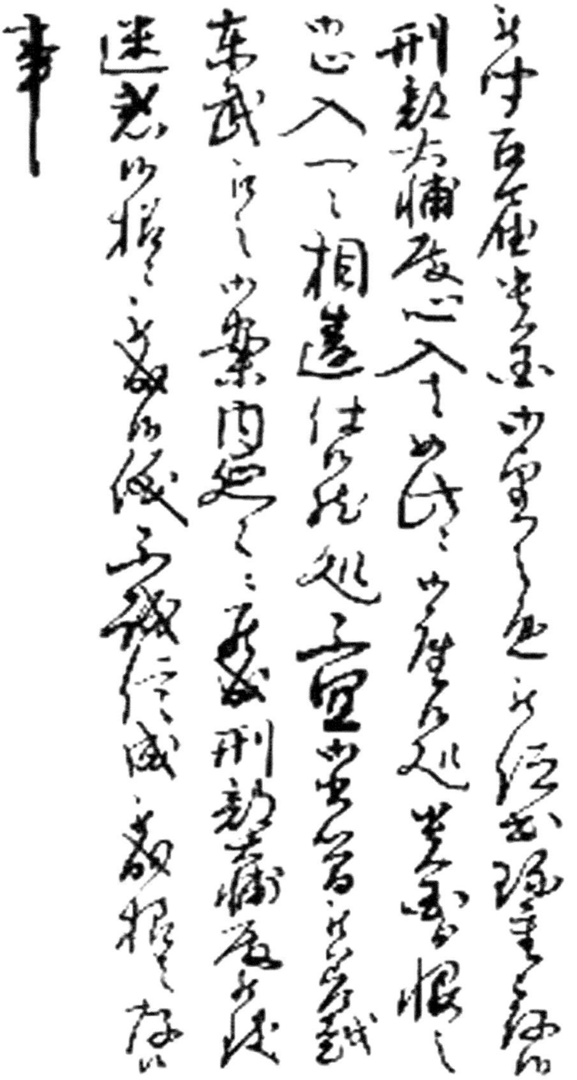

被聞召届貴国御望之通被仰出珎重被存候刑部大輔殿心入者如此ニ御座候処貴国より恨之御心入一々相違仕候然処不宜御書簡被差越東武ニ之御案内延々ニ罷成刑部大輔殿被致迷惑候様ニ被成候儀不誠信成被成様与存候事

お聞き届けを頂いた。[刑部大輔殿は]貴国の御望みの通りを[東武へ]申し上げ、大切な事であり[尊重しなければならない事]と御了解を頂いた。刑部大輔殿のお考えは、このようであるのに、貴国からは[こちらに対し]恨みの御考えがある。このように[両国では]一つ一つに付いて考え違いがある。そのような処に、宜しくない御書簡を[こちらに]差し遣わして来たので、東武への御報告が延々と伸びてしまい、刑部大輔殿にとっては[甚だ]迷惑な事となっている。そのような事で[両国の関係は、この間に]不誠信に成ったり、あるいは成られたりと、そのような状態になってきたと思っている。

구체적으로 승낙받았다. [교우부 타이후 님은] 귀국의 희망대로 [동무께] 말씀드려, 중요한 일이므로 [존중하지 않으면 안 되는 일]이라고 양해받았다. 교우부 타이후의 생각은 이와 같은데, 귀국은 [이쪽에 대해] 원망하는 마음이 있다. 이렇게 [양국에서는] 하나하나 생각의 차이가 있다. 그러한 상황에서 바람직하지 않은 서간을 [이쪽에] 전해왔기 때문에 동무에 보고하는 일이 자꾸 연기되어, 교우부 타이후 님으로서는 [매우] 곤란한 일이 되고 있다. 그 같은 일로 [양국관계는 근래] 의심하거나 혹은 의심받거나 하는, 그러한 상태에 이르렀다고 생각한다.

〃欝嶋与御座候所竹嶋与御書載候様﹦申進候へ共貴国﹦而欝嶋与申
　ならハし書物﹦も有之故御書付被成候与御座候其段ハ相知たる事
　﹦候先頃も申通竹嶋江日本人被差渡間敷与被仰渡候故夫を御請竹
　嶋与御書載候ハヽ後之御為﹦茂冝可有御座与存申入候何事も

〃欝嶋とある所を竹嶋と御書き載せになるよう[こちらから]申し進
　めたが、貴国では欝嶋と申し慣わしているし、書物にもこのよ
　うに有るので、このように書き付けたとの事を承った。其の事
　は、既に承知の事である。先頃も申した通り、竹嶋へ日本人が
　渡海しないよう[公儀は]御命じになられた。それゆえ、その事を
　承け、竹嶋と御書き載せになれば、今後の為にも宜しいであろ
　うと、そのような申し入れを行ったものである。何事も

〃울도라는 곳을 죽도라고 기재하시도록 [이쪽에서] 권했으나, 귀
　국에서는 울도라는 것이 익숙하고 서물에도 이같이 기록되어 있
　기 때문에 이렇게 기록했다는 것을 들었다. 그 일은 이미 알고
　있는 일이다. 지난번에도 말씀드린 대로 죽도에 일본인이 도해
　하지 않도록 하라고 [장군이] 명하셨다. 그래서 그 명을 받아 죽
　도라고 기재하시면 금후를 위해서도 좋을 것이라고, 그러한 요
　구를 한 것이다. 무슨 일이든

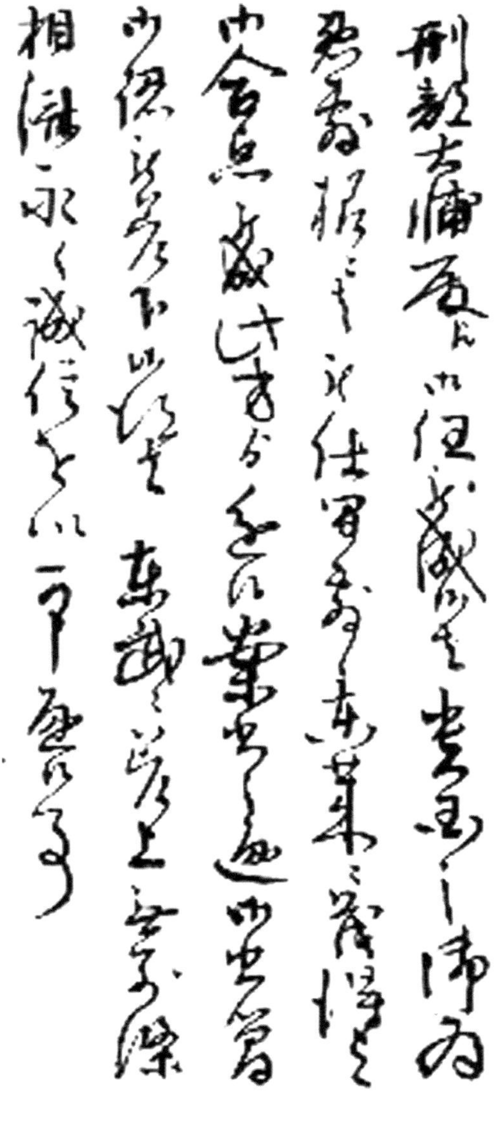

刑部大輔殿ヘ御任被成候者貴国之御為悪敷様ニ者被仕間敷候東莱ニ茂得
与御合点被成此方より進候案書之通御書簡御認被差下候得者　東武ニ
差上無別条相済永く誠信を以可申通候事

刑部大輔殿へ御任せに成られれば、貴国の為には、悪いようになさ
らない。そのように取り計らうので、東莱府使にも[この事は]とくと
御合点をして頂きたい。それゆえ此方から申し進めた案書の通り
に、御書簡を御したため下さり[こちらへ]差し下されたならば、それ
を東武に差し上げ[この一件は]別条無く相済む事になる。そうなれば
[両国は]永く誠信を以て交流する事ができる。

교우부 타이후 님에게 맡기시면 귀국을 위해 나쁘게 하지 않는다. 그
렇게 배려한 것이기 때문에 동래부사도 [이 일은] 신중하게 생각해주
셨으면 한다. 그러므로 이쪽에서 권한 초안대로 서간을 기록하시어
[이쪽에] 보내주시면, 그것을 동무에 상신해 [이 일건은] 별문제 없이
해결될 것이다. 그렇게 되면 [양국은] 오랫동안 성신으로 교류할 수
있다.

〝約条之外使者不差渡候儀御書簡之内ニ相見ニ候此段者先頃も申進
候通りヶ様之儀書簡之内ニ御書加ニ被成儀ニ而無御座候間弥御除
可被成候事

〝約条にある以外、使者を差し渡さないと言う事が[今回の]御書簡
の中に載せてある。この事は先頃も申し進めた通り、このよう
な事を書簡の内に御書き加えに成る必要は[毛頭]無い事である。
それゆえ、いよいよ御除きいただきたい。

〝조약에 있는 이외에 사자를 파견하지 말라는 내용이 [이번] 서간
중에 게재되어 있다. 이 일은 지난번에도 말씀드렸듯이, 이 같은
내용을 서간 안에 기록할 필요는 [전혀] 없는 일이다. 그렇기 때
문에 삭제해주셨으면 한다.

(47-10)

〃同月廿三日東莱より両訳を以館守裁判方〓返答申来候ハ委細被仰
下承届御尤存候乍然都朝廷方心入各別違居候故注進仕候共少々
之儀〓而者合点被致間敷候節々注進者難成事〓候間得与御相談申
其上〓而注進可仕候弥先頃より被仰聞候〓違候儀

(47-10)

〃同月二十三日、東莱から両訳を以て館守および裁判方へ返答が
来た。その委細については以下の通りである。すなわち、お話
し下さった事は承った。御尤に思う所である。然しながら都の
朝廷方のお考えは、また各別に違って居る。それゆえ注進を致
しても、少しの事では合点を致されない。折々に注進する事も
成り難い事である。ここは、とくと御相談を申し上げ、其の上
で注進を致したいと思う。いよいよもって[朝廷におけるお考え
は]先頃からお伝えしている事と[今もって]相違は無い。

(47-10)

〃동월 23일, 동래에서 양역을 보내 관수와 재판 쪽에 답변이 왔다.
그 자세한 것은 이하와 같다. 즉 말씀해주신 것은 알았다. 당연하
다고 생각하는 바이다. 그러나 도성의 조정 측 생각은 역시 매우
다르다. 그래서 주진해도 중대한 일이 아니면 동의하시지 않는
다. 그때마다 주진하는 일도 어렵다. 이번에는 신중하게 논의하
고, 그 후에 주진하고 싶다고 생각한다. 정말로 [조정의 생각은]
지난번에 전한 것과 [지금도] 다르지 않다.

無御座候哉与申来候付館守裁判より之返答ニ先頃より申通ニ御座候間
急度御注進被成早々御書簡書改参候様ニ御注進頼存候　東武ニ之御案内
相延候而者刑部大輔殿迷惑被仕事候間此段能御注進可被成旨申遣ス

そのように[あちらは]申して来た。そこで館守および裁判から返答し
た事は、先頃から[こちらも]申す通りであり、必ず[朝廷へ]御注進を
致され、早々に御書簡を書き改めて頂く様[そのような]御注進をお頼
みする。東武への御報告が延びては、刑部大輔殿が迷惑を蒙る、そ
のような事なので、この事はしっかりと御注進なさるようにと、そ
の旨を[あちらに]申し伝えた。

그렇게 [저쪽은] 전해왔다. 그래서 관수와 재판이 답변한 것은, 지난
번부터 [이쪽도] 전한 대로이며 반드시 [조정에] 주진하시어, 조속히
서간을 개서해주시도록 [그 같은] 주진을 부탁드린다. 동무에 보고가
연기되면 교우부 타이후 님이 곤란해진다. 그렇기 때문에 이 일은 확
실하게 주진해주시도록, 그러한 뜻을 [저쪽에] 전했다.

註1、欝陵島は我が土地すなわち朝鮮領であると、ここで宣言する。それは輿地図にも載る程に明白なことだとする。日本からは遠く、朝鮮に近いと、その地理的根拠も示す。これは謝書の名を借りた朝鮮側が自らの権益を述べた外交文書である。

주 1. 울릉도는 우리 토지, 즉 조선령이라고 여기서 선언한다. 그것은 여지도에도 게재될 정도로 명백한 일이라고 한다. 일본에서는 멀고 조선에 가깝다는 그 지리적 근거도 제시한다. 이것은 사서의 이름을 빌려 조선 측이 스스로의 권익을 주장한 외교문서이다.

註2、欝陵島は我が国の土地と、再度ここで朝鮮領である旨を記している。日本人が島に渡って来た事実を、戦後の混乱期に島で紛争が生じないよう、巡検監視を日本に委嘱していたかのように記す。だがもうそのような委嘱は必要ない。ここは朝鮮領であるからと述べるものである。現実には、日本人が、この島に渡り、ここで漁労その他の活動を行っていたことを、このような形で認めている。

주 2. 울릉도는 우리나라의 토지라고, 다시 이곳에서 조선령이라는 내용을 기록하고 있다. 일본인이 섬에 건너온 사실을, 전후 혼란기에 섬에서 분쟁이 발생하지 않도록 순검 감시를 일본에 위촉하고 있었던 것처럼 기록한다. 그러나 이미 그 같은

위촉은 필요 없다. 이곳은 조선령이므로 필요 없다고 말하는 것이다. 현실에서는 일본인이 이 섬에 도해해 이곳에서 어로 와 그 외의 활동을 행하고 있었던 것을 이런 형태로 인정하 고 있다.

註3、我が国の欝陵島、日本の竹嶋というのは、多田与左衛門による交渉の時から問題になっていた文言で、いまさらこの文字を変更するような事は無いであろうと、その事をここで、もう一度述べたのである。

주 3. 우리나라의 울릉도, 일본의 죽도라는 것은 타다 요자에몬이 교섭할 때부터 문제가 되었던 문언으로, 지금 새삼스럽게 문자를 변경할 필요는 없다고, 그것을 여기서 다시 한 번 언급한 것이다.

註4、この段階で、ようやく多田が預かり置いた第二次交渉の折の返翰に、決着が着いた。日本側は、この書翰を請ける事なく、そのまま朝鮮側に差し戻すという形がとれた。日本側が日本人の島への渡海を禁ずるという方針を出したことで、朝鮮側も矛を収めたのである。

주 4. 이 단계에서 겨우 타다가 맡겨두었던 제2차 교섭 시의 반한에 결론이 났다. 일본 측은 이 서한을 수취하지 않고 그대로 조선 측에 돌려보내는 형태를 취했다. 일본 측이 일본인의 도해를 금한다는 방침을 제기함으로써 조선 측도 공격을 멈

춘 것이다.

註5、口上で申し伝える事は、実際は公儀の考えではない。むしろ宗義真の外交上の考え方から導き出された手法である。この事については大綱三八の註5に既述した。但し、島を取った返したという事にならないよう、つまりそのような文言に受け取られないよう、書いたものは止め、口上で申し伝える事になったという事である。

주 5. 구상으로 전한다는 것은 사실 장군의 생각이 아니었다. 오히려 소우 요시자네의 외교상의 방침에서 도출된 수법이다. 이 일에 대해서는 대강 38의 주 5에서 기술했다. 단, 섬을 취했거나 반환했다는 일이 되지 않도록, 즉 그러한 문언으로 받아들여지지 않도록 기록은 하지 않고 구상으로 전하게 된 것이다.

註6、多田与左衛門の交渉決裂の時期と比べ、日朝は今や融和の話し合いに入ったと、そのことが互いに了解されている。それゆえ朝鮮から書簡を求められたら、公儀へ報告し、それに応じた書簡を送らねばならないと、そのような判断が対馬側にはある。平和交渉は対等な外交の上に行われるべきと、国元年寄衆の考え方が示される。

주 6. 타다 요자에몬의 교섭이 결렬됐을 때와 비교해, 지금의 일조는 융화의 이야기를 하고 있다고, 그 일을 상호가 알고 있다.

그렇기 때문에 조선에서 서간을 요구하면 장군에게 보고하여, 그것에 응하는 서간을 보내지 않으면 안 된다는, 그러한 판단이 쓰시마 측에는 있다. 평화 교섭은 대등한 외교 위에서 이루어져야 한다는, 국원 가로들의 사고가 나타나 있다.

註7、口上で申し伝えたので、あちらからの書簡の文言に修正を求めたならば、書簡ではなく口上で戻ってくると、そのような可能性への言及である。口上で戻ってくるにしても、礼を失したやりかたは受け付けないと、そのような指示を下している。だが宗義真は、朝鮮から必ず修正の書簡が戻ってくると考えている。それは今回の書簡に対する日本からの請書が欲しいからだとする。その判断は正しい。相手がどう出るか、互いに深読みしながら、交渉を行っていた。平和外交に立ち戻ってはいるが、まだ厳しいつばぜり合いを、なお互いに続けていた。

주 7. 구상으로 전했기 때문에 저쪽 서간의 문언수정을 요구하면, 서간이 아닌 구상으로 답변이 돌아올, 그러한 가능성에 대한 언급이다. 구상으로 돌아온다고 해도, 예를 갖추지 않은 방법은 수용할 수 없다는 그러한 지시를 내리고 있다. 그러나 소우 요시자네는 조선이 반드시 수정 서간을 보내올 것이라고 생각하고 있다. 그것은 금회의 서간에 대한 일본의 청서가 필요하기 때문이다. 그 판단은 정확했다. 상대가 어떻게 나올 것인가, 서로 파악하며 교섭을 행하고 있다. 평화외교로 회기

됐으나, 아직 팽팽한 줄다리기를 서로 계속하고 있다.

註8、今回の朝鮮からの書簡には、竹嶋の文字は全く入っていない。島の名としては欝島のみが記されている。日本側が日本人漁民に命じた渡海禁止についても「永く人の往きて漁採する事を許さず」と敢えて竹嶋の名を消して記している。この書簡について日本側から承認の請書があれば、朝鮮の欝陵嶋と、後々までの証拠になると、そのように朝鮮側は判断した。宗義真が書簡ではなく口上で申し入れたから、この度は、竹嶋と欝陵嶋という島の名が、互いの綱引きの対象とはならなかった。一連の正式文書の往復としては、この段階で欝陵嶋の名だけが残った。日本側は日本領の竹島に、日本人の竹島渡海を禁止しただけであるが、それを文書で朝鮮側に呈示していない。ただ口頭で呈示したということである。だが貴州諸奉行(対馬の家老たち)からの真文による口上書が残されている。そこには竹嶋という島名を記載し、その島への渡海禁止を記している。すなわち対馬の側は、なお朝鮮の欝陵嶋ではなく日本の竹嶋として、その文言を外交上、一つ格下の文書に残していた。これは隠れてはいるが、島に対する日本側権益の留保である。

주 8. 이번에 조선이 보낸 서간에는 죽도라는 문자가 전혀 들어있지 않다. 도명으로는 울릉도만을 기재하고 있다. 일본 측이 일본인 어민에게 명한 도해금지에 대해서도 '사람이 가서 어

채하는 것을 허가하지 않는다'라고 일부러 죽도라는 이름을 삭제하고 있다. 이 서간에 대해 일본 측이 승인하는 청서를 보내면, 후대까지 조선의 울릉도라는 증거가 된다고 그렇게 조선 측은 판단했다. 소우 요시자네가 서간이 아닌 구상으로 요구했기 때문에, 이번에는 죽도와 울릉도라는 도명이 상호 간의 줄다리기 대상은 되지 않았다. 일련의 정식문서의 왕복에서 이 단계에서 울릉도라는 이름만이 남았다. 일본 측은 일본령 죽도에 일본인의 죽도도해를 금했을 뿐이므로, 그것을 문서로 조선 측에 정시하지 않았다. 다만 구상으로 정시했다는 것이다. 그러나 귀주 여러 봉행(쓰시마의 가로들)이 한문으로 작성한 구상서가 남아 있다. 그곳에는 죽도라는 도명을 기록하고 그 섬으로의 도해금지를 기록하고 있다. 즉 쓰시마 측은 아직 조선의 울릉도가 아니라 일본의 죽도로 해서, 그 문언을 외교상 한 단계 낮은 문서에 남기고 있다. 이것은 숨겨져 있지만 섬에 대한 일본 측 권익의 보류인 것이다.

색인

권정(權靜)

1971년 서울 생
서울 영파여자고등학교, 이화여자대학교, 동경대학교
현) 배재대학교 교수

「占地圖에 나타나는 日本과 韓國의 世界觀」,「古代日本과 韓國에 있어서의 古代文字世界의 形成」,「古代韓國과 日本의 用字法의 硏究」,「韓日占地圖에 나타나는 世界觀」,「天下圖에 나타나는 世界觀」,「고대일본과 한국의 자국의식의 비교-철도와 비문을 통해서」,「신라의 천하로서의 우산국」,「三國에 있어서의 國王·皇帝·天皇表記비교」,「한일건국신화의 허구와 사실」,「동해의 무구루세미와 부룬세미」,「고지도에 나타나는 조선 초의 자국인식」,「죽도도해유래기발서공의 상납」,「안용복에 관한 한·일의 인식」,「古事記 속의 스사노오」,「독도에 관한 일본 고문서 연구」

『古事記와 日本書紀』,『獨島와 竹島』,『古事記』(상·중·하),『禦用人日記』,『일본은 독도를 이렇게 말한다』,『内藤正中의 獨島論理』,『竹島紀事』(1-2),『竹島紀事』(2-2),『竹島紀事』(3-2)

메일 shirijung@hanmail.net

오오니시 토시테루(大西俊輝)

1946년 島根縣隱岐郡西鄕町(現 隱岐의 島町) 生
島根縣立隱岐高等學校, 大阪大學 醫學部, 腦神經外科專門醫, 醫學博士
大阪國學院 通信敎育部卒業, 神職資格(權正階)
大阪市立大學大學院大學 都市情報部 卒業
현) (醫)厚生醫學會理事長
    (社福)厚生博愛會理事長
    隱岐國 原田向山 大山神社 宮司

『레이저 醫學의 臨床』,『Illustrated Laser Surgery』,『山陰沖의 古代史』,『山陰沖의 幕末維新 動亂』,『人肉食의 精神史』,『柿本入麻呂와 아들 躬都郞』,『隱岐는 繪島, 歌島』,『日本海와 竹島』,『心의 誕生』,『水若祚神社』,『續日本海와 竹島』,『隱州視聽合紀』,『元祿覺書』,『竹島文談』,『竹島渡海由來記拔書控』,『竹嶋紀事』(卷一),『安龍福과 元祿覺書』,『大西俊輝, 독도개관』,『日本海와 竹島』,『竹嶋紀事』(1-1, 1-2, 1-3),『竹嶋紀事』(2-1, 2-2, 2-3),『竹嶋紀事』(3-1, 3-2, 3-3),『竹嶋紀事』(4-1)

竹島紀事

죽도기사 4-2

초 판 인 쇄 | 2012년 12월 28일
초 판 발 행 | 2012년 12월 28일

지 은 이 | 권정 · 오오니시 토시테루
펴 낸 이 | 채종준
펴 낸 곳 | 한국학술정보㈜
주   소 | 경기도 파주시 문발동 파주출판문화정보산업단지 513-5
전   화 | 031) 908-3181(대표)
팩   스 | 031) 908-3189
홈 페 이 지 | http://ebook.kstudy.com
E - m a i l | 출판사업부 publish@kstudy.com
등   록 | 제일산-115호(2000. 6. 19)

ISBN   978-89-268-3950-8 94380 (Paper Book)
        978-89-268-3951-5 95380 (e-Book)
        978-89-268-2138-1 94380 (Paper Book Set)
        978-89-268-2139-8 98380 (e-Book Set)